江西信江航电枢纽工程数字化施工技术研究与应用

叶永强　范海亮　安秀山　赵克来　焦　亮　等著

U0253100

黄河水利出版社

· 郑 州 ·

图书在版编目(CIP)数据

江西信江航电枢纽工程数字化施工技术研究与应用/
叶永强等著. -- 郑州：黄河水利出版社，2024. 9.
ISBN 978-7-5509-4020-8

Ⅰ. TV632-39

中国国家版本馆 CIP 数据核字第 20240U21L7 号

策划编辑：杨雯惠　电话：0371-66020903　E-mail：yangwenhui923@163.com

责任编辑	冯俊娜	责任校对	王单飞
封面设计	黄瑞宁	责任监制	常红昕

出版发行　黄河水利出版社

　　　　　地址：河南省郑州市顺河路49号　邮政编码：450003

　　　　　网址：www.yrcp.com　E-mail：hhslcbs@126.com

　　　　　发行部电话：0371-66020550

承印单位　河南博之雅印务有限公司

开　　本　787 mm×1 092 mm　1/16

印　　张　9.5

字　　数　225 千字

版次印次　2024 年 9 月第 1 版　　2024 年 9 月第 1 次印刷

定　　价　80.00 元

《江西信江航电枢纽工程数字化施工技术研究与应用》

作者名单

主　　笔：叶永强　范海亮　安秀山

副 主 笔：赵克来　焦　亮　李　亮　刘　明

　　　　　李冰黎　诸葛爱军

参著人员：(按姓氏拼音首字母排序)

　　　　　陈　富　陈文明　东景洁　韩振响

　　　　　李洪江　李长锁　李智璞　邳建亚

　　　　　苏义如　孙彩淦　孙　力　孙识星

　　　　　孙　涛　汪新宇　王金峰　王　宁

参著单位：中交第一航务工程局有限公司

　　　　　中交一航局第一工程有限公司

前　言

  随着我国经济的持续发展,航电枢纽工程在国民经济中的地位日益凸显。作为基础设施建设的重要组成部分,航电枢纽工程承担着水力发电、防洪、灌溉等多种功能。在新时代背景下,数字化施工技术的发展为航电枢纽工程带来了新的机遇与挑战。

  数字化施工技术在工程建设领域的应用已逐渐广泛,其发展趋势日益明显。从设计到施工管理,再到质量控制,数字化技术为工程建设带来了诸多便利。在航电枢纽工程中,数字化施工技术同样发挥着重要作用。然而,当前数字化施工技术在航电枢纽工程中的应用仍存在一定的发展瓶颈。

  江西信江八字嘴航电枢纽工程是以航运为主,兼有发电等综合利用功能的大型水利枢纽工程,主要由中交第一航务工程局有限公司承建。在项目品质工程、绿色智慧科技示范工程的依托下,结合施工特点及难点,该工程项目开展了数字化施工技术研究与应用,包含了围堰防渗施工、超大深基坑施工、混凝土与钢筋加工生产、主要建筑结构物施工关键技术。

  本书对江西信江八字嘴航电枢纽工程概况进行了详细阐述,广泛收集了国内外有关资料,对我国航电枢纽领域数字化施工技术的发展现状进行了全面总结,对当前航电枢纽工程施工中的新技术、新工艺和新设备进行了系统阐述,全面总结了江西信江八字嘴航电枢纽工程数字化施工关键技术及现场实施经验,从钢筋数字化加工与管理成套系统研发、双轮铣施工智能监控系统开发、砂卵石地层围堰防渗数字化施工技术、基于 BIM 技术的超大深基坑精细化开挖技术、混凝土生产数字化技术、泄水闸构筑物施工关键技术、船闸主体结构施工关键技术等进行了全面论述,全书图文并茂、内容丰富。

  由于作者水平有限,本书在撰写过程中难免存在错误和不足之处,敬请广大读者批评指正。

作　者
2024 年 6 月

目　录

第一章　江西信江航电枢纽工程数字化施工技术概况

第一节　航电枢纽工程数字化施工技术研究背景

随着全球交通基础设施建设的不断发展,航电枢纽工程在国内外得到了广泛关注。航电枢纽工程是一种集航运、发电、灌溉、防洪等多种功能于一体的综合性工程,具有施工难度大、技术复杂等特点。航电枢纽工程作为水路交通的重要节点,对于提高航道通航能力、促进区域经济发展具有重要意义。然而,航电枢纽工程施工过程中涉及许多复杂的技术问题,解决这些关键技术问题,是实现航电枢纽工程顺利进行的关键。但在施工关键技术方面仍存在诸多问题。

航电枢纽工程地质条件、工程结构复杂,施工周期长,施工期面临的挑战极大。通过开展 BIM 技术及数字化技术在航电枢纽中的应用,推动航电枢纽数字化施工,对支撑交通强国建设具有重要意义。

研究航电枢纽工程数字化施工关键技术具有重要的意义。首先,通过对数字化关键技术的研究,可以提高航电枢纽工程数字化与智慧化施工水平,提高施工效率,保障施工质量和安全性能,延长工程使用寿命。其次,数字化关键技术的突破将有助于提高工程的施工效率,缩短工期,降低施工成本。再次,研究航电枢纽工程数字化施工关键技术有助于推动水路交通建设领域的科技创新和发展,为未来航电枢纽工程建设提供更加坚实的基础。最后,研究成果将对实际工程应用具有指导意义,为航电枢纽建设的长远发展奠定坚实基础。

第二节　航电枢纽工程施工技术现状

目前,国内大力推广信息化发展、数字化引领的管理变革。施工行业利用信息系统进行信息收集、传递、统计、分析、计算、加工处理等,以满足具体的业务、管理及决策需求。从管理的角度看,信息系统主要起工具的作用,可以帮助人们提高工作效率。数字化的目的是使这些工具具有知识和智力,从而部分甚至完全取代人。因此,施工数字化意味着使施工阶段应用的信息系统具有知识和智力。其意义在于:一方面,可以通过减少对人的需求,使人得到帮助,获得解放;另一方面,对于需要高层次人才的工作,数字化可以解决高层次人才供不应求的问题。数字化技术的基础是人工智能技术,其相关技术包括云计算、大数据、物联网、移动物联网等。数字化技术使信息系统能够感知、认知、学习、推理,甚至进行专家水平的决策。

智慧工地是一种崭新的工程全生命周期管理理念,是以项目管理、建筑信息模型、大数据、物联网和云计算等为代表的先进技术的综合应用。可以实现工地现场的互联协同、危险感知、智能生产,构建项目信息化生态圈,改变施工各方的交互方式、工作方式及管理模式,以此实现在建造过程中向"安全、绿色、智慧"的目标发展。

一、砂卵石地层围堰防渗施工技术

国内及国外对于围堰防渗体系的研究较为类似,多为单一形式,如塑性混凝土防渗墙、黏土防渗心墙、三峡三期土石围堰高喷桩防渗帷幕等;组合防渗的研究较少,有岩滩水电站扩建工程的复合土工膜和黄土组合、膏浆高喷桩组合防渗等。

现阶段常用的防渗结构主要有土质防渗体、刚性防渗体、柔性防渗体。防渗结构的检测方法主要有围井法和桩内钻孔法。围井法主要结合现场典型施工进行,通过施工一定长宽的防渗结构形成闭合的空间,观测其内水位下降速率的快慢来判定防渗性能,其结果比较直观。桩内钻孔法通过钻机在防渗结构内取芯成孔,并在钻孔内进行注水试验(分为降水头和常水头)、压水试验等,具有检测速度快、成本低的特点。《水电水利工程高压喷射灌浆技术规范》(DL/T 5200—2019)、《水利水电工程注水试验规程(附条文说明)》(SL 345—2007)、《水电工程钻孔压水试验规程》(NB/T 35113—2018)等相关试验规范及规程给出了操作方法和相关渗透系数的计算公式。钻孔注水试验渗透系数计算公式仅适用于半无限空间,而围堰防渗墙在宽度方向不符合半无限空间假设,不能完全套用规范中的钻孔注水试验计算防渗墙的渗透系数。对于在包气带内进行的钻孔降水头注水试验,与包气带的饱和度和孔隙度有关,目前水利水电工程勘察中缺少资料进行对比,可采用饱和带注水试验公式进行计算。邓争荣认为土层渗透系数钻孔注水试验值比实际值偏大,但不会形成一个数量级的误差,相对误差通常在10%~20%,故仍可以用于设计,并具有一定的安全储备。但对于不同防渗体的适合检测方法,以及不同试验方法的结果不一致时的分析处理方法,需要进行深入研究。

围堰及基坑降排水是主体工程施工过程中持续时间比较长的一项重要工作。围堰及基坑降排水主要分为初期排水和经常性排水。其中,初期排水水量大,但由于水位快速降低会造成边坡失稳,因此需要控制水位下降速率;经常性排水一般要结合基坑开挖进行,必须注意开挖规划和建筑物的施工方案,以避免相互干扰。因受季节、降雨、河道水位变化的影响,基坑渗水量是不稳定的,需要结合现场实际情况进行降排水的计算和设计。

从目前的数字化发展趋势以及在其他行业形成的研究应用成果来看,工程施工行业还未完全实现自动化和数字化施工的技术水平,仅有部分工序实现了半自动化、自动化和数字化施工,而且在数字化工程施工技术发展方面,还只是处于研究阶段(机器人行业已经跨进了基础数字化),因此在自动化和数字化施工技术上发展的空间非常大。但实现工程施工的数字化不仅需要加大研究力度,而且要协同开展技术研究,将工程施工无形的经验与智慧,用机器和系统展示出来。

二、超大深基坑开挖精细化施工技术

目前,国内 BIM 技术在基坑开挖中的应用主要包括施工前现场勘察、构建复杂施工节点三维可视模型、利用可视化优势验证后期施工可行性。

国外主要依托 BIM 技术,从定性和定量两个角度分析施工方案的可行性,准确、快速地获取项目参数和资源信息,利用 MATLAB 程序,进行了基于遗传算法的工期-成本优化,并对静态和动态优化结果进行了对比。

在基坑模型搭建过程中,由于涉及构件众多,且现有 BIM 设计软件功能存在一定局限性,导致建模工作量过大,给 BIM 技术人员带来较大负担。江西信江航电枢纽工程主要将倾斜摄影技术与传统 BIM 技术进行结合,在数据采集及处理方面更具优势。

三、施工建筑材料生产技术

自 19 世纪首个混凝土搅拌站建立以来,混凝土产业一直都是建筑行业关注的焦点。随着经济建设的不断发展,混凝土搅拌站控制系统的研究越来越重要,经过一代又一代技术研发人员的不懈努力,我国混凝土搅拌站生产的混凝土在质量及数量上渐趋成熟,凭借其低廉的价格及可靠的性能在亚洲区域逐渐占据主导地位。但仍然与发达国家存在着较大的差距,例如,混凝土搅拌站在智能化控制方面严重不足,影响了多任务生产的实现,且对环境污染比较严重。

为了克服现有质量控制方法的滞后性和局限性,国内外科研和工程技术人员对施工现场混凝土进行了大量研究,并研究出一系列有效的质量控制手段,较有代表性的预测方法有强度推算法、加速养护法和配合比分析法。广州大学姚腾考虑混凝土现场施工过程中砂石含水率波动、计量偏差等问题导致的混凝土拌和物水胶比波动对硬化混凝土性能造成的影响,研究混凝土拌和物性能现场便捷测试技术,建立混凝土拌和物水胶比与不同类型硬化混凝土抗压强度和氯离子扩散系数之间的关系,提出基于混凝土设计配合比的硬化混凝土性能预测模型。

近年来,智慧工地借助新一代的物联网、云计算、决策分析优化等信息技术,将人、机、物等各个核心系统结合起来,以一种更加智慧的方式运行,从而建造更美好的城市生活。对于钢筋用料优化及自动化生产成套技术,就目前情况而言,市面上没有一款可实现将杂乱的钢筋数据整理成合理信息数据的成熟应用软件。信息整理的速度跟不上钢筋的加工速度。而且市面上软件一般基于 CAD 图纸,采用识别 CAD(以平法标注居多)方式直接录入图纸信息,通过调差算法计算钢筋下料尺寸。此做法首先不适用于基础设施类工程,其次设计图纸常在细节处存在问题,大部分图纸中的钢筋常需要进行二次处理,否则无法满足施工要求。

四、泄水闸施工技术

随着社会经济的发展和科学技术的进步,水工建筑物在水利工程中的应用越来越广泛,其施工质量对工程的安全运行和效益的发挥具有决定性的影响。枢纽水工建筑物作为水利工程的重要组成部分,其施工技术研究具有重要意义。本书旨在探讨枢纽水工建筑物成套施工技术的研究现状,以期为相关工程提供参考和借鉴。

枢纽水工建筑物是水利工程中的关键部分,其施工质量的优劣直接关系到整个水利工程的运行安全与否和效益高低。随着水利工程建设的不断发展和技术进步,枢纽水工建筑物的施工技术要求越来越高。因此,开展枢纽水工建筑物成套施工技术研究具有重要的现实意义和理论价值。

近年来，国内外学者针对枢纽水工建筑物的施工技术进行了广泛的研究。在施工技术和方法方面，研究者们针对不同的水工建筑物类型和特点，开展了大量的试验研究和数值模拟分析，提出了许多先进的施工技术方法和工艺。同时，在施工设备和材料方面，也不断涌现出新型的施工设备和材料，为提高施工效率和工程质量提供了有力保障。

虽然现有的研究已经取得了一定的成果，但仍存在一些不足和挑战。首先，在施工技术方面，还需要进一步研究和探索更加高效、环保、节能的施工技术方法和工艺；其次，在施工设备和材料方面，需要继续研发新型的施工设备和材料，以提高施工效率和工程质量；最后，在检测和维护方面，需要加强建筑物的检测和维护技术的研究与应用，以提高建筑物的安全性和耐久性。

目前，国内外溢流面主要为单侧弧，驼峰堰式双侧弧较为少见。溢流面施工中滑模、翻模工艺均有采用，翻模工艺使用较多，滑模工艺主要用于较大高度溢流面。

闸墩长悬挑结构多出现于航电枢纽、路桥工程等，关于其施工工艺研究较多，但加固方式并不统一。该工艺研究在施工效率及工艺简化上更有优势。

泄水闸启闭机房平台梁板施工技术在国内外研究中较为少见，可参考经验较少。本书研究针对性地解决平台梁板有限空间内搭设支撑体系的难点，且所用材料周转率高，安拆方便，成本节约更加显著，施工效率也领先于类似工程。

第三节　江西信江航电枢纽工程概况

一、项目概况

江西信江八字嘴航电枢纽工程位于上饶市余干县白马桥乡，是以航运为主、兼顾发电等综合利用功能的航电枢纽工程，正常蓄水位为 18 m，通航建筑物采用船闸，并在东大河（虎山嘴）、西大河（貂皮岭）各建设一座。本梯级上游航道及东大河为Ⅲ级航道、西大河为Ⅳ级航道，船闸级别均为Ⅲ级，枢纽主体工程从左至右依次布置西大河左岸土坝、西大河船闸[180 m×23 m×3.5 m（长×宽×门槛水深）]、西大河门库坝段、西大河 20 孔泄水闸、西大河河床式电站厂房、两枢纽间连接坝段、东大河船闸[180 m×23 m×4.5 m（长×宽×门槛水深）]、东大河门库坝段、东大河 12 孔泄水闸、东大河河床式电站厂房、东大河右岸土坝，总体呈"一"字形布置，坝轴线长 1 496.5 m。电站总装机容量 12.6 MW，分两期实施，一期为东大河，二期为西大河，建设工期 54 个月。

本项目施工内容包括导流明渠、围堰、船闸、电站厂房、泄水闸、鱼道、两岸连接土坝、航标工程、坝顶公路桥、金属结构（含启闭设备）安装及配套工程设施。

二、项目建设意义

按照《全国内河航道与港口布局规划》和《江西省"十三五"综合交通运输体系规划》，信江流口以下 244 km 航段将在 2020 年底达到规划的Ⅲ级航道标准。为加快信江高等级航道建设，构建区域综合交通运输体系，适应腹地货运发展需求，促进信江沿线经济社会发展,建设信江八字嘴航电枢纽工程。

三、项目施工特点与难点

(一)枯期围堰

信江八字嘴航电枢纽工程为内河枢纽领域罕见的采用枯期围堰形式施工的项目,整个项目经历4枯4汛。

每年枯水期时进行围堰合龙,抽水后形成深基坑,再进行干地施工。汛期来临前,需拆除围堰进行基坑过水,保障上游度汛安全。

(二)品质工程建设

业主将品质工程创建写入招标文件及施工合同中,列出了品质工程创建具体要求,将品质工程创建作为履约目标来实现。按照要求需创建省级"品质工程"项目、省级"平安工地"示范项目;争创部级"品质工程"项目、"平安工程"冠名项目。

(三)工程量大、工期紧

枢纽主体混凝土110余万 m^3,土方开挖500余万 m^3。每年4—8月为汛期,9月至次年3月为枯水期。每个枯水期穿插春节,将有效施工期又分割为4个阶段。单个枢纽围堰内主体结构有效施工时间不足10个月。

在施工期间,本项目创下江西省行业内单月混凝土浇筑最高纪录(9万 m^3/月),有效施工期内月均达到6万 m^3 混凝土浇筑强度。

(四)专业种类多、交叉作业频繁

本项目包含水利水电、航道、桥梁、道路、房建、金属结构等多个施工专业,点多面广,多头并进,每个专业工程既要独立施工,又要集中时间赛跑,对项目各个阶段的组织衔接提出了更高要求。项目鸟瞰图见图1-1。

图1-1　项目鸟瞰图

第四节　数字化施工技术主要研究内容

　　基于目前国内外研究现状,航电枢纽工程施工技术较为成熟,但是主要以常规施工技术为主,BIM 技术及信息化技术主要应用于项目管理,多以管理平台的方式呈现。BIM 技术在设计阶段应用较广,但在施工中应用并未形成成套技术,数字化应用程度较低。

　　为提升航电枢纽建设质量和科技水平,江西信江八字嘴航电枢纽工程项目(简称八字嘴航电枢纽项目)着重研究航电枢纽数字化施工关键技术,从围堰防渗施工、超大深基坑开挖、施工建筑材料生产、泄水闸施工四个方面开展数字化施工技术研究,促进科技成果的转化和推广应用,为航电枢纽数字化施工技术做出有益探索,具有十分重要的战略和现实意义。

一、砂卵石地层围堰防渗数字化施工技术研究

(一)砂卵石地层围堰"上膜下墙"防渗体系研究

　　在砂卵石土层中施工止水帷幕始终是岩土工程界的难点,水的渗透破坏将直接影响围堰的安全;而围堰边坡失稳是出现最频繁、带来损失最大且最难弥补的破坏形式。八字嘴航电枢纽项目从原材料使用、组合防渗体系等方面着手,研究"高压旋喷桩防渗墙+复合土工膜心墙"组合防渗体系。

(二)围堰防渗施工智能监测系统研究

　　应用数字化技术与双轮铣施工结合,通过试验段参数、控制基础设备系统模块开发、监控基础设备系统模块开发、终端系统开发,以及无线数据通信终端,实现电脑和现场的结合、计算机实时监控和数据分析,达到标准化施工作业。

(三)围堰防渗检测方法及降排水研究

　　对常用的钻孔注水试验、钻孔压水试验、围井注水试验方法进行总结,通过现场实测结果对三者之间的结果进行比较,提出适合各防渗结构的检测方法,并与后续的围堰内降排水相结合,找出防渗效果与排水量的影响关系,为后续工程的防渗结构设计、施工、检测提供参考。

　　通过对围堰内降排水量的计算,并结合围堰内的基坑开挖与基坑降水,确定适合围堰内施工的降排水设计原则,在此基础上确定集水沟、集水坑的布置以及相关水泵的扬程和数量。统计排水期间的每天排水量,对降排水计算结果进行校核,为后续更准确地计算排水量提供依据。

　　技术方案按照调研、设计计算、现场试验、总结规律进行梳理。本次航电枢纽围堰防渗检测方法及降排水研究分为三个阶段展开,第一阶段为技术调研和设计计算,第二阶段为现场试验验证,第三阶段为总结规律和目的实现。

二、基于 BIM 的超大深基坑开挖精细化管理方法

　　基于 BIM 技术的土方工程、主体结构及施工辅助措施进行虚拟建造,同时根据设计文件建模、规划设计超大深基坑的施工道路、排水及防护的 BIM 模型。

将工程量统计工作和建模工作联立操作,以建模的方式快速统计工程量。通过建立三维模型,可对施工图纸进行核查,辅助图纸会审工作。最终模型可直接生成竣工图纸。

构建参数化模型,并通过 BIM 技术实现类似工程快速三维建模、临时设施 BIM 模型设计。为施工前期迅速实现工程水利枢纽建筑物虚拟建造,及时发现设计中的不足和问题,并做出相应的变更,在施工前把现场施工可能出现的问题及时放大,提出相应的措施。进而缩短建设周期,加快建设步伐,提高工程质量。

三、混凝土、钢筋数字化生产技术研究

(一)混凝土生产数字化技术研究

混凝土供应与项目施工效率、进度工期直接挂钩,八字嘴航电枢纽项目为枯期围堰,混凝土方量大,且结构配合比种类多,传统人工调度生产管理难度大,可引入数字化生产理念,打造智慧拌和站管理系统,应用数智科技解决人工难度,实现拌和站智能化调度、自动化生产。

混凝土工程的质量与其制备、运输、浇筑及养护密不可分,任何一个环节出现问题,都可能是导致成品混凝土质量出现问题的关键原因。组建混凝土施工过程中的混凝土原材料、拌制、运输、浇筑、养护和成品质量数据库,达到某批次混凝土成品质量参数与原材料质量参数、拌制参数、运输参数、浇筑参数和养护参数一一对应的目的,采用数理统计分析手段分析前述各环节工艺参数变化与成品混凝土质量的相关关系,进而预测成品混凝土的抗压强度。

(二)基于 BIM 的钢筋下料优化及自动化加工技术研究

八字嘴航电枢纽项目钢筋量大,钢筋结构复杂,导致钢筋加工动作烦琐,且整体管理难度大。为实现生产集约化,应用 BIM 技术,开发智慧大脑,使 BIM 技术与自动化设备计算机云端对接,形成基于 BIM 的钢筋下料优化及自动化加工与管理的成套方法。

四、枢纽水工建筑物成套施工技术研究

(一)超大体积换填混凝土施工分层分块及结合面技术研究

超大体积换填混凝土施工在土木工程中具有重要应用价值,如桥梁、高层建筑的基础、地铁车站等。然而,由于混凝土体积大,易产生温度裂缝、干燥收缩裂缝等问题,对结构安全性和耐久性产生严重影响。因此,研究超大体积换填混凝土施工分层分块及结合面技术,旨在提高施工质量,减少裂缝产生,保证工程安全性和耐久性,具有重要的理论和实践意义。该技术研究从混凝土分层分块设计、结合面构造与处理技术、材料与配合比优化、施工工艺与质量控制等全方面进行技术研究。

(二)卵石粗骨料抗冲耐磨混凝土施工技术研究

随着建筑工程的不断发展,混凝土作为主要的建筑材料之一,其性能和使用寿命越来越受到关注。卵石粗骨料抗冲耐磨混凝土是一种具有优良性能的混凝土,具有高强度、高耐磨性、高耐久性等特点,适用于桥梁、道路、码头等承受大量冲击和磨损的工程。本书主要探讨卵石粗骨料抗冲耐磨混凝土的施工技术,以期为相关工程提供参考。

(三)双侧驼峰堰溢流面施工技术研究

驼峰堰溢流面相较其他堰型多出一组反弧段,变成双侧弧,为保证溢流面的一次性浇筑成型,解决双侧同步上升问题,使堰面平整度和光洁度以及溢流面整体完整性达到质量要求,专门设计研究滑动压模驼峰堰溢流面施工技术。

(四)航电枢纽闸墩长悬挑结构施工技术研究

闸墩长悬挑结构作为泄水闸施工的核心内容,也是泄水闸施工的重难点,具有结构质量大、混凝土使用量大、悬挑长度长、安全风险高的特点。因此,本书设计针对性"爬模"工艺,有效减少了传统工艺底模的拆除难度。

(五)泄水闸启闭机房平台梁板支撑体系施工技术研究

泄水闸启闭机房平台梁板,与泄水孔同宽、跨度大、配筋多、混凝土自重大、载荷高、对梁底支撑力要求高,且下部供模板支撑体系布置空间有限。因此,本书结合桥梁施工,专门设计穿心钢棒悬挂牛腿+贝雷梁支撑体系解决以上技术难题。

(六)船闸空腔结构施工技术研发

船闸空腔结构往往形状不规则、尺寸大小不统一、底高程不一致、数量多、作业空间狭窄,利用传统钢模板或木模板工艺,不仅操作不便,费时费力,而且存在较大安全风险。因此,本书在传统工艺基础上,结合钢模板和木模板各自优势,优化了模板结构及加固方式,提升了施工效率和安全保障。

第二章 防渗体系数字化施工技术

八字嘴航电枢纽项目为枯期围堰施工,每年4—7月汛期需拆除围堰过水,保证防洪防汛,围堰设计结构形式为砂卵砾石填筑后"高压旋喷桩+黏土心墙",项目所在区域土质主要为沙土,黏土取料较远,经济成本高,且取土易造成水土流失和环境污染,砂卵石层主要由细砂和砂卵石等粗颗粒组成,其透水性较强,透水率较大,其水的渗透破坏将直接影响围堰的安全;而围堰边坡失稳是出现最频繁、带来损失最大且最难弥补的破坏形式,也是施工期间保证基坑内干地施工的关键。基于以上因素,从围堰防渗施工质量和经济成本两方面考虑,八字嘴航电枢纽项目开展砂卵砾石地层围堰防渗施工技术研究。其下游围堰结构见图2-1,上游围堰结构见图2-2。

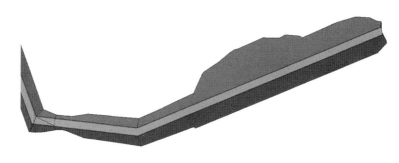

图 2-1 下游围堰结构

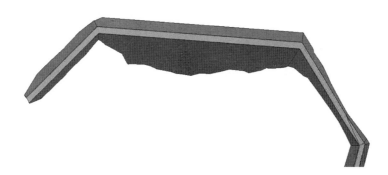

图 2-2 上游围堰结构

第一节 砂卵石地层围堰防渗体系施工技术

一、工艺技术原理

(一)"下墙"施工技术

高压旋喷桩是先利用工程钻机钻孔作为导孔,将带有特殊喷嘴的注浆管插入设计的土层深度,然后将水泥浆以高压流的形式从喷嘴内射出,冲击切削土体。土体在高压喷射流的强大动压等作用下,发生强度破坏,土颗粒从土层中剥落下来,与水泥浆搅拌形成混合浆液。一部分细颗粒随混合浆液冒出地面,其余土粒在射流的冲击力、离心力和重力等作用下,按一定的浆土比例和质量大小,有规律地重新排列。这样从下向上不断地喷射注浆,混合浆液凝固后,在土层中形成具有一定强度的固结体,达到围堰防渗的目的。

采用"双管法"进行施工,即同时向孔内喷射空气和水泥浆。

(二)"上膜"施工技术

复合土工膜是以塑料薄膜作为防渗基材,与无纺布复合而成的土工防渗材料。它的防渗性能主要取决于塑料薄膜的防渗性能。复合式土工膜以塑料薄膜的不透水性隔断土坝漏水通道,以其较大的抗拉强度和延伸率承受水压和适应坝体的变形。而无纺布也是一种高分子短纤维化学材料,通过针刺或热粘成型,具有较高的抗拉强度和延伸性,它与塑料薄膜结合后,不仅增大了塑料薄膜的抗拉强度和抗穿刺能力,而且由于无纺布表面粗糙,增大了接触面的摩擦系数,有利于复合土工膜及保护层的稳定。围堰防渗"上膜下墙"现场施工见图 2-3。

图 2-3　围堰防渗"上膜下墙"现场施工

二、施工工艺参数效果分析及确定

针对八字嘴航电枢纽项目围堰砂砾石土层特点,结合现场实际情况,考虑施工安全、施工质量、施工成本、施工效率等多方面因素,进场钻头机具选择四角金刚钻、螺旋金刚钻两种,注浆管种类选择方形、圆形注浆管,其中方形注浆管有双喷嘴,圆形注浆管有单个喷嘴,采用相同施工参数,对两种管型施工旋喷桩成墙后分别进行钻芯取样试验,桩径选择 $D600$ mm、$D800$ mm、$D1\,000$ mm 进行试验。

从而形成砂砾石土层"高压旋喷桩防渗墙+复合土工膜心墙"组合防渗体系技术方案,通过试验测得钻进速度、进浆压力、进浆密度、进浆流量及取芯结果等数据,为工程围堰防渗施工提供依据和技术支持。

(一)钻头机具选择

进场钻头机具有四角金刚钻、螺旋金刚钻两种,分别见图 2-4 和图 2-5。四角金刚钻下钻至岩面要 2 h,螺旋金刚钻下钻至岩面约 40 min,可见螺旋金刚钻更适合砂卵砾石地层下钻。

图 2-4　四角金刚钻　　　　　　　　图 2-5　螺旋金刚钻

(二)注浆管种类、喷嘴数量选择

目前,注浆管有方形、圆形两种,其中方形注浆管有双喷嘴(见图 2-6),圆形注浆管有单个喷嘴(见图 2-7),采用相同施工参数。对两种管型施工旋喷桩成墙后分别进行钻芯取样试验,经检测发现,圆形注浆管单喷嘴成桩效果明显好于方形注浆管双喷嘴的成桩效果,因此,圆形注浆管单喷嘴更适合砂卵砾石土体施工。

图 2-6　方形注浆管双喷嘴施工效果　　　图 2-7　圆形注浆管单喷嘴施工效果

(三)桩径、孔距选择

拟对 $D600$ mm、$D800$ mm、$D1\,000$ mm 三种桩径及相应孔距的高压旋喷桩的经济性进行分析。

八字嘴航电枢纽项目防渗体部位地质情况为:上层约 10 m 厚砂土层,下层约 12 m 厚卵砾石层。根据规范,砂土层提升速度取值范围为 10~25 cm/min,卵砾石层因本工程所在地质卵石粒径较小,可提升速度取砾石层参数,取值范围为 8~15 cm/min,$D1\,000$ mm 桩径提升速度取规范相应速度下限值,按公式计算的提升速度比,在规范限制内选定 $D600$ mm、$D800$ mm 桩径的相应提升速度。通过计算见表 2-1、表 2-2。

表 2-1　不同桩径水泥用量计算

桩径	地质分层	层厚/m	提升喷射 a/(cm/min)	单桩喷射用时/h	浆液流量 d/(L/s)	单延米水泥用量/kg	单桩水泥用量/t	防渗体延米总量/m	防渗体水泥总量/t
D1 000 mm	砂土层	10.0	10.0	4.2	1.17	542.5	13.6	95 100	51 591.8
	卵砾石层	12.0	8.0		1.17	678.1		114 120	77 387.6
								209 220	128 979.4
D800 mm	砂土层	10.0	17.8	2.4	1.17	304.8	7.8	126 800	38 645.5
	卵砾石层	12.0	13.6		1.17	398.9		152 160	60 696.2
								278 960	99 341.7
D600 mm	砂土层	10.0	25.0	2.0	1.17	217.0	6.5	190 200	41 273.4
	卵砾石层	12.0	15.0		1.17	361.7		228 240	82 546.8
								418 440	123 820.2

表 2-2　不同桩径总体费用及综合单价比较

类型	暂定数量/m	施工费用		材料费用			费用合计/元	综合单价/(元/延米)
		不含税单价/元	合价/元	水泥用量/t	水泥单价/(元/t)	水泥材料费/元		
D600 mm,孔距 400 mm	418 440	70.68	29 575 339	123 820.2	500	61 910 100	91 485 439	218.63
D800 mm,孔距 600 mm	278 960	88.34	24 643 326	99 341.7	500	49 670 850	74 314 176	266.40
D1 000 mm,孔距 800 mm	209 220	113.68	23 784 130	128 979.4	500	64 489 700	88 273 830	421.92

　　通过以上比选,八字嘴航电枢纽项目初选总价最为经济、综合单价居中、工效最优的桩径 D800 mm、孔距 600 mm 布置的双排高压旋喷桩作为防渗体结构。

(四)结果分析

　　根据试验分析结果判断,高压旋喷桩选择螺旋金刚钻钻头机具、圆形注浆管单喷嘴更适合砂卵砾石土体施工,选择 D800 mm、孔距 600 mm 布置的双排高压旋喷桩作为防渗体结构经济效益最优。

三、"下墙"防渗体施工技术

(一)"下墙"防渗体施工工艺流程

　　高压旋喷桩施工工艺流程见图 2-8。

(二)"下墙"防渗体施工步骤

　　步骤 1:设备进场后,对旋喷桩机进行组装,对钻杆进行焊接,每节钻杆长 3 m,按照需要钻深焊接钻杆长度,完成后丈量钻杆长度,保证后期对钻杆钻入深度是否达到设计孔深进行判断。机组架设见图 2-9,钻杆焊接见图 2-10。

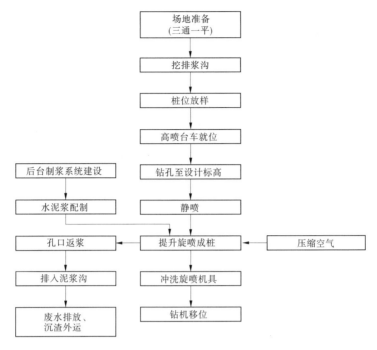

图 2-8　高压旋喷桩施工工艺流程

图 2-9　机组架设

图 2-10　钻杆焊接

步骤 2:施工前保证场地平整,通水、通电、通路,浆管、气管及电管铺设整齐有序,线路架设在三脚架上并保持离地,确保用电安全。建立后台配浆系统。供电设备区域见图 2-11,整齐架设管线见图 2-12,立式水泥罐见图 2-13,卧式水泥罐见图 2-14。

图 2-11　供电设备区域

图 2-12　整齐架设管线

图 2-13　立式水泥罐

图 2-14　卧式水泥罐

步骤 3:施工前测量放样喷桩施工单元的控制点,现场插钢筋棍进行标记,经过复测验线合格后,用钢尺和测线实地布设桩位,用竹签或木筷钉紧,一桩一签,并用红漆喷射,保证桩孔中心移位偏差小于 50 mm。

步骤 4:施工前预先挖设排浆沟及泥浆池,施工过程中将废弃的冒浆液导入或排入泥浆池,沉淀凝结后运至场外存放或弃置。

步骤 5:采用强度等级 42.5 MPa 的普通硅酸盐水泥,按比例 1:1 调用,受潮失效的水泥不予使用。抽取河中的纯净水制浆,采用称量法配料,以联合高速制浆机搅拌,搅拌时间不少于 30 s,浆液经筛网过滤后存储于浆池备用。及时检测控制浆液密度,密度不小于 1.5 g/cm^3,浆液制好后应尽快使用,自制备至用完不超过 4 h。

步骤 6:根据现场放线移动钻机,使钻杆头对准孔位中心。同时,为保证钻机达到要求的垂直度,钻机就位后必须作水平校正,使其钻杆轴线垂直对准钻孔中心位置,保证钻孔的垂直度不超过 1%。在校直纠偏检查中,利用垂球(高度不得低于 2 m)从两个垂直方向进行检查,若发现偏斜,则在机座下加垫薄木块进行调整。平面位置偏差不得大于 50 mm。

步骤 7:钻孔的目的是把注浆管置入到预定深度,钻孔方法可根据地层条件、加固深度和机具设备等条件确定。成孔后,校验孔位、孔深及垂直度是否符合规范要求。

步骤8：成孔合格后即可下入注浆管到预定深度。在孔底进行静喷至孔口返浆，静喷时间规定至少为 5 min，以孔口返出灰色的水泥浆为依据，若出现孔口不返浆的情况及时通知技术员，待查明原因后进行处理。孔口返浆见图2-15。

图2-15　孔口返浆

步骤9：将注浆管下到预定深度后，进行地下试喷，一切正常后即可自下而上进行喷射作业。施工过程中，必须时刻注意检查浆液流量及压力、提升速度等参数是否符合设计要求，并随时做好记录，如遇故障及时排除。检查项目见图2-16～图2-19。

步骤10：喷射作业完成后，应把注浆管等机具设备冲洗干净，管内和机内不得残存水泥浆。通常把浆液换成水，在地面上喷射，以便把注浆泵、注浆管和软管内的浆液全部排出。

下墙防渗体系成墙后开挖效果如图2-20所示。

注：规定值或允许偏差为32 MPa；
　　检查方法为压力表检测。

图2-16　进浆压力检查

注：规定值或允许偏差为1.5 g/cm^3；
　　检查方法为比重仪检测。

图2-17　进浆密度检测

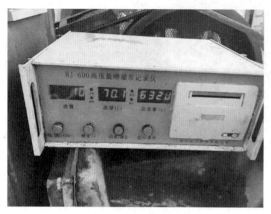

注：规定值或允许偏差为 70 L/min；
　　检查方法为流量计监测。

图 2-18　进浆流量监测

注：规定值或允许偏差为 0.7~0.8 MPa；
　　检查方法为压力表检查。

图 2-19　气压检查

图 2-20　施工成墙后开挖效果

四、"上膜"防渗体施工技术

土工膜施工流程见图 2-21。

（1）盖帽混凝土施工，高压旋喷桩顶伸入盖帽混凝土结构内 0.3 m。采用 C20W6 混凝土浇筑，模板采用竹胶板。

盖帽混凝土先浇侧向齿槽 30 cm 厚混凝土，待土工膜接头条对中就位后，从接头条两侧均匀下料浇筑顶部 50 cm 厚混凝土，并振捣密实，按照 30 m 分段跳仓浇筑，分段处采取橡胶止水带连接。

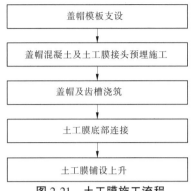

图 2-21 土工膜施工流程

（2）土工膜铺设是随着堰体同步上升的，其与两侧中粗砂填筑之间的施工程序是：先施工中粗砂，压实后整平，覆盖土工膜；再铺上层中粗砂，反复至堰顶高程。

土工膜铺设采取以人工为主的方法。土工膜的铺设采取"之"字形折线上升，上升坡比为 1∶1.6，每层控制层厚 50 cm。复合土工膜埋入盖帽混凝土的长度 1 m，土工膜上、下游侧中粗砂交替分层填筑，先填下游侧，将土工膜折向下游铺设在下游侧中粗砂后再填上游侧，然后再填下游侧，保持土工膜下游侧先于上游侧填筑，使土工膜按"之"字形上升。两侧砂壤土垫层填料采用小型振动碾压密实，垫层填料内不含尖角碎石或块石。为改善膜体受力条件，适应堰体变形变位，沿铺设轴线每隔 100 m 设置土工膜伸缩节，伸缩节折叠后重合部位的长度为 0.5 m。

（3）土工膜焊接工艺。土工膜接头采用焊接，搭接长度不小于 30 cm，在正式施工前进行现场接缝试验，对焊接试验时的气温、风速做记录。对不同的气温、不同的焊接温度对应不同的焊接行走速度进行多种组合试验，找出最理想的焊接温度和行走速度。对各种组合的焊缝进行抗拉试验。要求断裂位置不得在焊缝上，断裂强度不得小于主膜强度的 85%。

（4）施工注意事项。复合土工膜心墙布置形式如图 2-22 所示。复合土工膜和短纤

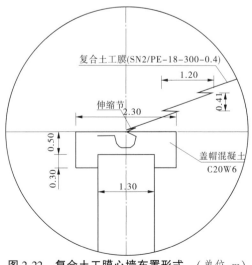

图 2-22 复合土工膜心墙布置形式 （单位：m）

针刺非织造土工布采用焊接方式,搭接长度不小于 30 cm,接缝抗拉强度应不低于母材强度的 85%;复合土工膜埋入盖帽混凝土的长度不小于 1.0 m,其端部 50 cm 应将上、下层土工布按要求剥离成光膜。

第二节　围堰防渗施工智能监测系统

一、研究思路及主要研究内容

(一)研究总体思路

双轮铣施工智能监控系统,以施工数据采集与分析模块为基础,以现场施工数据实时监控模块为核心,以实现双轮铣施工智能化远程监控为目标,形成了如图 2-23 所示的研究思路。

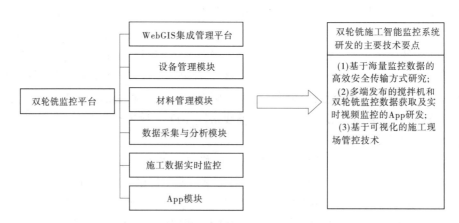

图 2-23　双轮铣施工智能监控系统研究思路

在完成上述基本功能后,下一阶段可继续开展系统功能的拓展工作。进一步增加制浆系统自动化控制模块和自动化远程操控模块等功能模块,最终实现双轮铣的无人值守式的自动化施工控制。

(二)基于 WebGIS 的集成管理平台

研究将基于 WebGIS 的集成管理平台分为动态施工参数实时监控和施工过程的视频监控两部分。

1. 动态施工参数实时监控

动态施工参数实时监控主要应用在双轮铣施工过程中,对双轮铣的重要施工参数进行查看并进行控制,从而使现场施工工程标准化、规范化。根据工程情况与实际经验,双轮铣施工监控的参数主要有:铣轮转速(r/min)、钻进速度(cm/min)、铣削提升速度(cm/min)、注浆流量(L/min)、注浆压力(MPa)和钻进深度(m)等。

2. 施工过程的视频监控

施工过程视频监控主要应用在双轮铣现场施工过程中,对现场的施工人员、设备及关键施工参数的实时监控,以移动 App 数据传输技术为基础,以视频数据为载体,实时向移动端用户进行视频数据的传输,从而达到实时可视化管理。施工现场视频实时监控见图2-24。

图 2-24　施工现场视频实时监控

(三)设备管理模块

设备管理的内容主要是对所有的双轮铣、挖掘机、起重机、搅拌机和泥浆泵等进行有关信息的管理,包括双轮铣及附属设备使用申请、调拨管理、设备维修申请、维修记录管理和报废管理等五个方面。

为了规范设备的使用,所有设备在使用前都需要在系统内提交申请,并记录在系统中。设备维修也是一样,这样可以做到有迹可循、规范化操作。施工现场主要设备如表2-3所示。

表 2-3　施工现场主要设备

序号	机械设备名称	规格型号	数量	施工部位	用电功率
1	挖掘机	PC200	1	场地平整	—
2	起重机	DH500	1	材料转运	—
3	双轮铣桩机	JINTSH36H-SC35B	2	防渗墙施工	343 kW
4	空压机	—	1	防渗墙施工	75 kW
5	搅拌机	UJW6	1	—	7.5 kW
6	泥浆泵	HB6-350	1	—	15 kW
7	储浆桶	10 m³	2	—	—
8	电焊机	BX-500	3	—	36 kW

(四)材料管理模块

材料管理主要是对水泥浆的用量进行管理,包括水泥浆用量信息的录入、修改、查询、统计、生成报表等,确保能够时刻掌握水泥浆用量情况,并结合水泥浆的单价对已使用的水泥浆金额进行统计。

(五)施工数据采集与分析模块

施工数据采集与分析模块主要分为数据采集、数据分析处理等,还包括数据的导入、数据表格的导出、图像图表的可视化生成、利用监测数据使用算法进行计算分析等功能。

1. 数据采集

利用 C#语言编写传感器端口监听程序。监听程序在服务器上运行可以实时获取双轮铣上各种传感器传送的数据,再将获取到的传感器数据经过云处理器进行储存和初步处理,处理完后保存到数据库中,之后系统中数据收集页面可以有选择地从数据库中调用数据。收集的数据主要有搅拌机制浆的水灰比、喷浆时间及喷浆量(体积和质量)、水泥掺量。

双轮铣收集的数据主要有:钻进速度(cm/min)、铣轮转速(cm/min)、注浆压力(MPa)、注浆流量(L/min)、铣削提升速度(cm/min)、垂直度控制偏差(%)和墙端搭接长度(cm)等。数据采集流程见图 2-25。

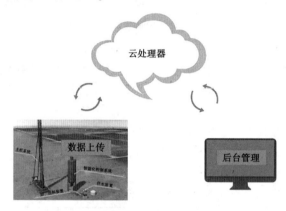

图 2-25　数据采集流程

2. 数据分析处理

经过数据采集之后对数据进行分析处理。主要是分析数据的特征值,比如泥浆用量的最大值、最小值和平均值等,多台设备不同打设深度下的泥浆用量对比分析等,这些对比分析也多用折线图的形式进行展示,比较直观、简洁、方便。也可以利用一些预测算法,对泥浆用量进行简单预测,找出变化规律,通过工艺性试验,利用算法对监测数据进行处理和分析,得到需要的参数,后台对双轮铣设备及材料进行控制。

3. 图形报表管理

图形报表管理的内容主要是对水泥土搅拌桩监测系统数据分析后的结果以及一些基本的数据信息进行汇总,以文档或表格的形式从系统中导出,同时还支持文件的上传和下载等功能。数据的导入和表格的导出见图 2-26。

图 2-26　数据的导入和表格的导出

4. 日常巡查管理

日常巡查管理的内容主要是巡检人员定期或不定期地到施工现场对设备仪器进行检查、维护,及时发现和解决问题,并将检查的相关信息录入到监控系统中,也可以图表的形式展示相关信息,如图 2-27 所示。

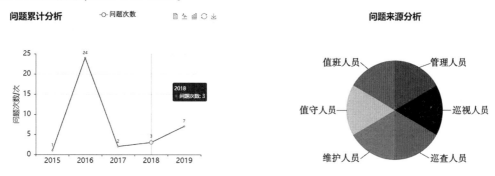

图 2-27 巡检问题分析

(六)现场施工实时监控模块

现场施工实时监控主要包括施工数据实时监测和现场双轮铣施工视频实时监控。

1. 施工数据实时监测

施工数据实时监测模块主要内容是将传感器安装在搅拌桩和双轮铣上,利用传感器将传感器数据通过云处理器传输到后台数据库,这样就可以看到搅拌桩和双轮铣工作时的实时数据。这里利用传感器获取数据的部分和数据采集与管理模块相同。施工数据实时监测页面见图 2-28。

图 2-28 施工数据实时监测页面

2. 现场双轮铣施工视频实时监控

通过现场架设摄像头来获取实时的设备及人员的工作状况,实现远程监控及施工指导,实现视频流数据的高清、快速、实时传输。同时,利用移动端技术,实现真正的异地监测,实时查看现场工作情况。

(七)系统管理模块

研究将系统管理模块主要分为用户管理和权限管理两大部分。

1. 用户管理

用户管理主要针对系统的使用者进行账号、密码以及个人信息的录入、修改、删除、查询等操作，以此保证系统的稳定性和系统内部数据的安全性。

2. 权限管理

权限管理主要针对不同的用户角色，对不同模块的权限进行设定，规定用户可以进入或禁止进入的模块及页面，在方便管理的同时，也确保了防波堤相关监测巡查数据的保密性。

（八）移动 App

本系统提供移动版办公 App，支持基于 Android（安卓）与 IOS（苹果）的手机、平板电脑等移动设备，为项目管理移动 App 提供服务，将数据信息实时显示到前台，让现场工作人员可以实时查看。移动端监控实现界面如图 2-29 所示。

图 2-29　移动端监控实现界面

（九）研发工作关键技术要点

（1）基于海量监控数据的高效安全传输方式研究。在原有 HTTP 数据传输模式的基础上，研究基于 P2P 和 WebSocket 技术的海量数据传输和优化存储策略。搭建 Node. js 服务器，将中心服务器数据处理与传输负载通过 P2P 技术分散到各节点中，利用客户端进行实时的数据处理作业，以提高数据的处理效率。将 App、PC 端、后台数据库进行连通，通过 WebSocket 技术建立客户端与服务器端的双向 Socket 通信，实现数据从服务器端到客户端的实时高效稳定传输。

（2）多端发布的搅拌机和双轮铣监控数据获取与实时视频监控的 App 研发。研发基于安卓端、苹果端等多平台公用的 App，实现一套程序多端应用，建立完善的应用服务体系。结合现场搅拌桩传感器和双轮铣传感器，无线数据传输技术建立客户端与服务器端的双向 Socket 通信,实现数据从服务器端到客户端的实时高效稳定传输,提出一套现场施工人员与管理人员进行信息实时共享、高效有序的监督制度,提高决策水平与工作效率,实现现代化管理。

二、系统总体设计

(一)系统总体架构研究

系统采用 C/S 和 B/S 混合模式,该模式集合了 C/S 和 B/S 的优点,既有 C/S 高度的交互性和安全性,又有 B/S 的客户端与平台的无关性,既能实现信息的共享和交互,又能实现对数据严密有效的管理。对于数据流量大、交互多、实时性要求高的功能采用 C/S 模式,C/S 客户端通过局域网向数据库服务器发出 SQL 请求,完成数据库的输入、查询、修改等操作;对于数据流量小、交互性不强、执行速度要求不高的功能采取 B/S 模式,完成对网页的查询、信息发布等操作。基于 WebGIS 的双轮铣施工智能监控系统见图 2-30。

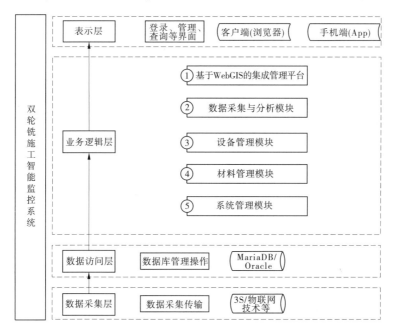

图 2-30　基于 WebGIS 的双轮铣施工智能监控系统

系统运行环境架构采用 CentOS-7+PHP+Apache+MariaDB10.0。云服务器采用的开源虚拟机为 KVM,它是一个基于 Linux 内核的开源虚拟化管理软件,可以实现完全虚拟化,提供了一种焕然一新的虚拟机管理方案。系统运行环境架构见图 2-31。

(二)系统整体功能的特色

依据系统总体设计的要求,系统的总体特色可归为如下几点:

(1)系统采用面向对象的思想进行设计,较好地实现了图像识别、智能监控、人机交互技术及数据库管理技术等软件组件的高效集成。

(2)系统所有的操作都以可视化的形式进行,可以全方位、动态地显示(旋转、平移、

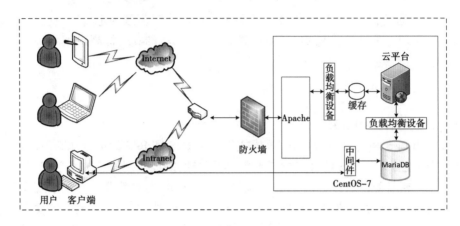

图 2-31　系统运行环境架构

放大、缩小等)水泥土搅拌桩的位置信息,并采用"层次化"和"即用即得"操作方式,可按需要显示任意内容,从而清楚地表达管理人员关注的因素。

(3)系统采用 Web 端与手机 App 相结合的方式开发。移动端开发具有多端兼容、适应能力强的特点,能够大大提高考勤管理的准确性与实时性,并且可以快速进行人员定位与信息上报。

(4)系统采用了高清摄像头并且融合了图像识别中的一些先进性、实用性的科学算法。基于这些算法,智能监控系统可以调用模型库与算法分析出的结果进行对比,得到每个搅拌桩桩机的位置信息,这也是整个监控系统的核心。

(5)通过 C#监听程序,将各种传感器采集的数据信息,经过云处理分析后,传到后台统一数据库,各种操作人员可以通过系统来按需访问数据库,实现规范化、统一化数据管理。

三、施工数据采集与管理模块

数据采集与管理模块采用 C#程序监听技术、物联网技术、无线数据传输技术、数据库技术、云处理等,运用 B/S 开发模式,以数据共享为目标,以云处理为纽带,以数据库技术为核心,以数据传输技术 C#程序监听技术为基础,以响应式用户界面为人机交互平台,搭建数据采集与管理模块,实现搅拌桩桩机数据采集与管理的功能。模块内部形成了包括数据收集、数据整编、数据处理的一条主线,并结合日常巡查管理、图形报表管理、监测点计算、过程线分析等内容,共同构成了数据采集与管理模块的主要研究内容。

数据采集与管理模块由总控室服务器、各类传感器、无线网络通信链接、无线数据传输、后台数据库等部分组成,系统开发过程采用总体规划、分步实施的原则。整体分为三层架构模式:

(1)数据采集层:采用物联网技术,通过各类传感器对桩机监测点的打设深度、下钻速度、铣削提升速度、加料深度、铣轮转速等基本数据进行采集。

(2)数据层:数据层的数据库服务器采用 MySQL 数据库,存放并管理监测点相关信息,包括打设深度、下钻速度、铣削提升速度、加料深度、铣轮转速等。

(3)业务逻辑层:包括 Web 服务器和 JavaScript 脚本。业务逻辑层是整个系统的核心,是前端与数据库连接的桥梁。Web端的后台采用Think PHP开发框架,用来处理前端表示层发回的请求,并与数据库交互。JavaScript脚本对前台获取和录入的各类信息进行分类,并将信息存储到数据库和对应的系统公共文件夹中。

系统的Web服务器架设在Linux系统上,MySQL服务器架设在Windows系统上,操作系统布置在总控室的服务器上。

四、系统主要功能

(一)数据管理模块功能

1. 基本信息

点击数据管理模块进入双轮铣数据管理的门户页面,通过对项目材料用量统计直方图、不同桩号水泥用量统计图以及水泥材料的每日统计图等可视化图表对项目信息进行总体把握。同时通过双轮铣施工的基本信息:施工所在地、施工水泥型号、防渗墙长度、防渗墙搭接宽度、设备负责人、双轮铣当前施工状态和设备运行总时长等指标对施工的基本信息进行展示。基本信息页面见图2-32。

图2-32 基本信息页面

2. 设备管理

设备管理页面主要对现场施工设备进行管理,通过录入项目信息、设备名称、工程部位、施工区域编号、防渗墙编号、录入时间、设备状况等对设备的运行情况进行查看。页面通过增加、编辑、删除和查询功能,实现对设备信息的增删查改。设备管理页面见图2-33。

3. 材料管理

材料管理页面通过对施工现场的制浆机数据直观展示,来查看材料用量和变化情况。包括制浆机编号,收集时间、1号罐水泥的用量、2号罐水泥的用量、掺水量、水泥总用量、水泥强度等级及水灰比等参数。选择施工日期和制浆机设备编号,进行不同条件下材料用量的查询。材料管理页面见图2-34。

图 2-33　设备管理页面

图 2-34　材料管理页面

4. 数据管理

数据管理页面通过对双轮铣施工全过程的施工参数进行展示,通过选择左侧墙号进行选择,就可以在右侧的数据列表中显示出该墙号在施工全过程中的施工参数。数据列表包括具体的采集时间、实时深度、钻提速度、注浆管 1 流量、注浆管 2 流量,以及注浆管 1 的压力和注浆管 2 的压力等参数。

页面设置模板下载、导入、导出和删除功能,在现场信号较差或者意外情况发生时,可以通过下载 Excel 模板文件,按照要求对施工过程的参数进行人工填写,然后点击导入按钮,将施工期间丢失的信息进行补充录入。

通过点选不同墙号可以查看不同墙号的施工参数数据,再点击导出按钮,可以将施工参数数据表用 Excel 导出,形成成果文件。数据管理页面见图 2-35。

图 2-35　数据管理页面

5. 质量检查

质量检查页面通过对已建的防渗墙的质量参数进行录入后,可自动生成相对应的质量报告。该页面包括添加、编辑、删除及一键生成质量报告功能。通过点选不同防渗墙的编号,生成相对应的质量报告。质量评定表页面见图 2-36,质量报告展示见图 2-37。

图 2-36　质量评定表页面

6. 视频监控

视频监控页面通过对施工现场四个角度进行实时监测得到的视频流进行展示,可以帮助管理人员查看施工情况和远程指导工人安全、高效施工。视频监控页面见图 2-38。

7. 实时数据

实时数据页面通过点选双轮铣设备编号和正在施工的墙号后,可以自动模拟双轮铣施工状况。左侧可以加载出实时动态施工模拟仿真动画。同时输出参数框可以输出当前

江西信江八字嘴航电枢纽工程

深层搅拌防渗墙单元工程质量评定表

单位工程名称及编码			单元工程量				
分部工程名称及编码			检测日期				
单元工程名称及编号，部位	236		评定日期				
项次	检查项目	质量标准	各组墙单元抽查结果				
			1	2	3	4	5
造孔 1	桩位偏差	5cm	1.2	1.0	2.2	0.8	0.4
2	*桩身斜率	不大于5‰	1‰	3‰	1‰	2‰	2‰
3	*桩深	符合设计要求	18.7	16.5	16.8	16.6	16.5
4	搅拌轴外径	≥30 cm	30 cm	31 cm	32 cm	30 cm	30 cm
搅拌参数 1	*搅拌次数	符合设计要求					
2	水泥浆混比重	符合设计要求	1.2	1.2	1.2	1.2	1.2
3	提升速度	符合设计要求	0.2	0.1	0.2	0.15	0.2
4	*水灰掺入比	符合设计要求	0.3	0.5	0.6	0.4	0.6
5	*浆适用量	≥L	符合	符合	符合	符合	符合
6	中断破缝处理	符合设计要求	符合	符合	符合	符合	符合
7	桩间搭接处理	符合设计要求	符合	符合	符合	符合	符合
成墙检测 1	桩间搭接厚度	≥30 cm	30	32	30	32	30
2	墙顶高程	符合设计要求	符合	符合	符合	符合	符合
3	*施工记录图表	齐全、准确、清晰	齐全	符合	符合	符合	符合

图 2-37　质量报告展示

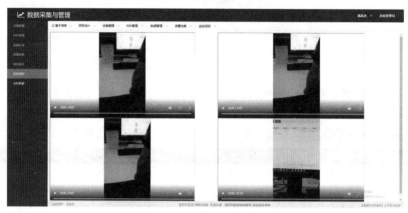

图 2-38　视频监控页面

施工参数，包括管道流量、管道压力、设定浆量、左右倾角、前后墙角、当前深度、设计深度、动作编号和进提转速等。

　　下方通过喷浆量变化图和施工过程压力变化图来展示当前施工状态下浆量和压力随铣头位置变化的情况。实时数据页面见图 2-39。

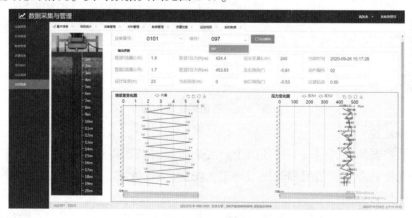

图 2-39　实时数据页面

(二) 系统管理模块功能

1. 个人信息

点击登录系统管理模块后,进入个人页面,可以对系统操作人员的基本信息进行查看和编辑。该页面包括工号、用户名、性别、固定电话、移动电话、邮箱和居住地址等具体信息。个人信息页面见图 2-40。

图 2-40 个人信息页面

2. 密码修改

管理人登录密码修改界面后,通过输入原始密码、新密码和重复新密码,点击提交可以对用户的密码进行修改。密码修改页面见图 2-41。

图 2-41 密码修改页面

3. 用户管理

用户管理页面通过添加用户、编辑用户、删除用户等功能对系统的用户进行管理。用户管理页面见图 2-42。

图 2-42　用户管理页面

4. 角色管理

角色管理页面通过添加角色、编辑角色和删除角色对用户的角色进行管理。角色管理页面见图 2-43。

图 2-43　角色管理页面

5. 菜单管理

菜单管理页面通过添加菜单、编辑菜单和删除菜单功能对菜单管理页面进行操作,通过点击全部展开按钮可以查看所有的模块菜单。菜单管理页面见图 2-44。

6. 用户角色管理

用户角色管理页面通过添加用户角色、编辑用户角色和删除用户角色功能给不同用户分配不同的角色,进行权限管理。用户角色管理页面见图 2-45。

7. 角色菜单管理

角色菜单管理页面通过添加角色菜单、编辑角色菜单和删除角色菜单对角色的菜单权限进行管理。角色菜单管理页面见图 2-46。

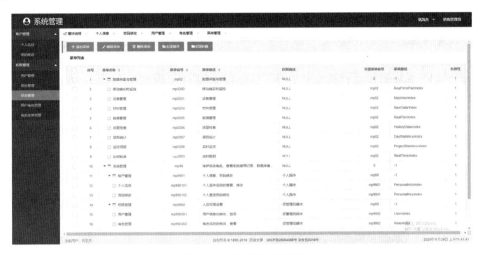

图 2-44　菜单管理页面

图 2-45　用户角色管理页面

图 2-46　角色菜单管理页面

(三) App 端模块功能

1. 设备管理

a) 设备信息查看

查看不同设备的每日具体工作状态,包括设备每日工作时间、设备开始工作时间、结束工作时间、健康状况等信息。设备管理界面见图 2-47。

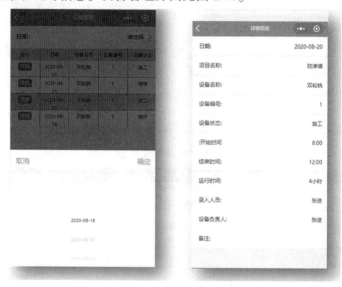

图 2-47 设备管理界面

b) 设备日志表单

记录每日设备施工情况,提交表单到系统中。提交设备日志表单界面见图 2-48。

图 2-48 提交设备日志表单界面

2.制浆数据管理

对搅拌站制浆过程中的数据实时监测并储存在数据库中,包括每罐水泥浆的水泥用量、水用量以及每罐水泥浆的开始制作时间和结束时间。制浆数据查询界面见图2-49。

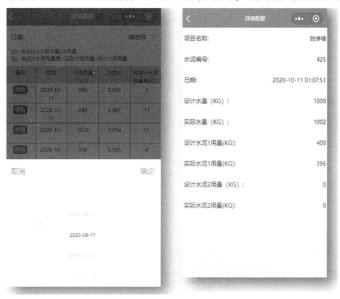

图 2-49 制浆数据查询界面

3.施工参数查询

对整个双轮铣施工过程中的施工参数进行监测和储存,查看双轮铣施工参数,包括施工防渗墙桩号、当前铣头所在深度、一号喷浆管已喷浆量、二号喷浆管已喷浆量、左右倾角、前后倾角、一号喷浆管流量、二号喷浆管流量、一号喷浆管压力、二号喷浆管压力等信息,还可根据施工日期和桩号查询施工参数。施工参数模块见图2-50。

图 2-50 施工参数模块

4. 实时监控

通过对双轮铣施工数据和制浆数据进行实时监测,绘制时间与铣头深度和喷浆量曲线(见图 2-51)。

5. 数据统计

统计开始施工到结束施工的水泥总用量;统计每日实际水泥用量、设计水泥用量、实际值与设计值之差;统计每日水泥用量的详细信息,通过选择不同日期实现对每日打桩数量、每幅桩的实际水泥用量、喷浆量、设计水泥用量等信息查询,将统计数据采用柱状图形式直观展示。数据统计页面见图 2-52。

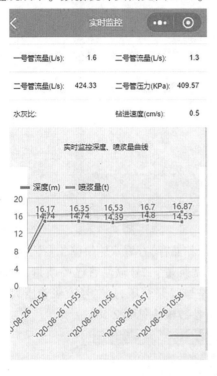

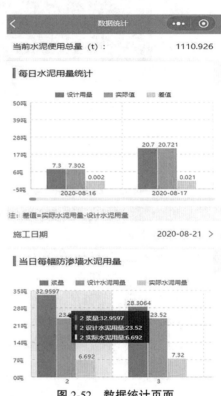

图 2-51　实时监控深度、喷浆量曲线页面　　　图 2-52　数据统计页面

6. 通知查看

查看推送的新闻或通知。点击"通知公告"进入如图 2-53 所示的界面。点击界面上方新闻分类按钮【全部】【日常】【紧急】【其他】,即可查看不同类别的新闻。点击新闻即可进入新闻详情页图,查看新闻详情。

7. 质量检测

质量检测分为第三方巡检、随机检测、月检测、周检查、日常检查等工作,巡检人员需要对工作质量进行质量表单填写。检测结果分为优秀示范、项目整改两类。质量检测提交表单页面见图 2-54。

8. 人员信息查询

管理人员通过查看人员信息了解部门每个员工的基本信息(见图 2-55)。

图 2-53　通知公告界面

图 2-54　质量检测提交表单页面　　　　　　图 2-55　人员信息页面

第三节 围堰防渗检测方法及降排水研究

一、研究内容与技术路线

(一)围堰防渗检测方法的比选分析

对常用的钻孔注水试验、钻孔压水试验、围井注水试验方法进行总结,并通过现场实测结果对三者之间的结果进行比较,提出适合各防渗结构的检测方法。与后续的围堰内降排水相结合,找出防渗效果对排水量影响的关系,为后续工程的防渗结构的设计、施工、检测提供参考。

(二)基坑降排水的优化设计

通过对围堰内降排水量的计算,并结合围堰内的基坑开挖与基坑降水,确定适合围堰内施工的降排水设计原则,在此基础上确定集水沟、集水坑的布置及相关水泵的扬程和数量。统计排水期间的每天排水量,对降排水计算结果进行校核,为后续更准确地计算排水量提供依据。

技术方案按照调研、设计计算、现场试验、总结规律进行梳理。八字嘴航电枢纽工程围堰防渗检测方法及降排水研究分为三个阶段展开。

阶段一:技术调研和设计计算。

调研现有的防渗检测方法和相关的水利水电降排水规范标准,完成降排水的设计计算。

阶段二:现场试验验证。

在现场防渗结构检测中进行不同检测方法的对比试验,并对围堰降排水进行现场监测,获取水泵排水量、围堰渗水量等数据。

阶段三:总结规律和目的实现。

根据现场对比试验的数据分析不同检测方法结果的差异,对降排水设计计算进行优化分析。

二、围堰防渗检测研究

围堰内防渗结构对于围堰的渗流稳定和渗水量有着直接的影响,因此需要对围堰防渗结构进行检测,确保围堰的防渗性能,还可以指导现场施工工艺的调整,提高施工效率和施工质量。

(一)防渗检测方法介绍

防渗检测方法通常有围井法、钻孔压水试验和钻孔注水试验(分为常水头和降水头)。围井法检测结果较为直观,但成本较高。钻孔常水头注水试验、钻孔降水头注水试验和钻孔压水试验三者都需要结合钻孔取芯进行,可以较方便地获得防渗结构的透水率或渗透系数。

1. 围井法

采用围井法检查防渗性能的方法可以选择以下两种:

(1)将围井开挖一定深度,然后在围井内进行注水(抽水)试验,如图2-56(a)所示。

(2)在井中心部位钻孔,下入过滤管,在管内进行注水(抽水)试验,如图2-56(b)所示。

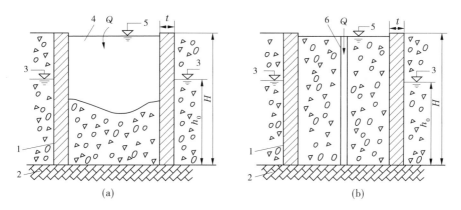

1—围井;2—相对隔水层;3—地下水位;4—井内开挖;5—注水稳定水位;6—钻孔。

图 2-56　围井注水试验

围井试验在防渗墙外侧增加三面墙体,围成一定面积的闭合空间。各面墙体轴线围成的平面面积,在砂土、粉土层中不小于 3.0 m²,砾石、卵石层中不小于 4.5 m²。八字嘴航电枢纽项目的高压旋喷桩防渗墙围井试验的桩位搭接与布置见图 2-57。

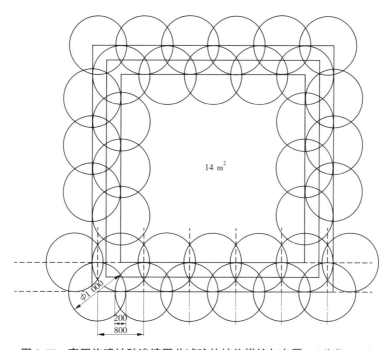

图 2-57　高压旋喷桩防渗墙围井试验的桩位搭接与布置　（单位:mm）

按照《水电水利工程高压喷射灌浆技术规范》(DL/T 5200—2019)在围井内进行注水试验计算高压旋喷桩渗透系数,见式(2-1)。

$$K = \frac{2Qt}{L(H + h_0)(H - h_0)} \tag{2-1}$$

式中　K——渗透系数,m/d;

　　Q——稳定流量，m^3/d；

　　t——高喷墙平均厚度，m；

　　L——围井周边高喷墙轴线长度，m；

　　H——围井内试验水位至井底的深度，m；

　　h_0——地下水位至围井底的深度，m。

　　2. 钻孔注水试验

　　钻孔注水试验根据试验水头的不同分为常水注水头试验和降水头注水试验。

　　1) 钻孔常水头注水试验

　　钻孔常水头注水试验适用于渗透性比较大的粉土、砂土和砂卵砾石层，或不能进行压水试验的风化、破碎岩体、断层破碎带等透水性较强的岩体。试验原理为保持钻孔内的液面高度不变，量测在一定时间内的注水量直至测得稳定的流量，取最后一次注入流量作为计算值，然后计算其渗透系数。

　　计算渗透系数的公式根据试段与地下水位的相对位置关系，分为两种。当试段位于地下水位以下时，采用式(2-2)计算试验土层的渗透系数。

$$K = \frac{16.67Q}{AH} \tag{2-2}$$

式中　　K——试验岩土层的渗透系数，cm/s；

　　　　Q——注入流量，L/min；

　　　　H——试验水头，为试验水位和地下水位之差，cm；

　　　　A——形状系数，cm。

　　在地上水位以上的土层进行注水试验时，由于受土层毛细水的影响，渗流并不符合达西定律，因此采用《水利水电工程注水试验规程》(SL 345—2007)中的奈斯别尔格公式计算地下水位以上土层的渗透系数，见式(2-3)。

$$K = \frac{7.05Q}{lH}\lg\frac{2l}{r} \tag{2-3}$$

式中　　K——试验岩土层的渗透系数，cm/s；

　　　　Q——注入流量，L/min；

　　　　l——试段长度，cm；

　　　　r——钻孔内半径，cm；

　　　　H——试验水头，为试验水位和地下水位之差，cm。

　　该渗透系数计算公式目前在水利水电系统中应用较广，积累了一定的经验，采用此公式计算的渗透系数误差在10%以内，可满足注水试验的精度要求。

　　八字嘴航电枢纽工程中由于桩体渗透性较小，注入流量较小，在小流量时流量计的测量结果不准确，因此采用电子台秤测量流入水的质量来换算注入水的体积，保证了测试的准确性，该方法可以在类似工程中参考使用。采用电子台秤进行钻孔常水头注水试验的现场情况见图2-58。

　　2) 钻孔降水头注水试验

　　钻孔降水头注水试验适用于地下水位以下的粉土、黏性土层或渗透系数较小的岩层。

试验原理为试验时将钻孔内灌满水,记录钻孔内的水位和地下水位的差值,通过测量钻孔内水位下降速率来计算渗透系数。现场试验情况见图2-59。

图 2-58 钻孔常水头注水试验现场情况

图 2-59 钻孔降水头注水试验现场情况

根据现场测量的钻孔内水位下降速率按照《水利水电工程注水试验规程》(SL 345—2007)中的公式计算渗透系数,见式(2-4)。

$$K = \frac{0.052\,3r^2}{A} \frac{\ln \dfrac{H_1}{H_2}}{t_2 - t_1} \tag{2-4}$$

式中 K——试验岩土层的渗透系数,cm/s;

t_1、t_2——注水试验某一时刻的试验时间,min;

H_1、H_2——在试验时刻 t_1、t_2 时的试验水头,cm;

r——套管(钻孔)内半径,cm;

A——形状系数,cm。

3. 钻孔压水试验

钻孔压水试验主要用于岩体的渗透性检测,试验原理为用栓塞将钻孔隔离出不大于5 m的孔段,并向该孔段压水,根据一定时间内压入水量和施加压力大小的关系来确定透水性。

《水利水电工程高压喷射灌浆技术规范》(DL/T 5200—2019)第10.1.2条条文说明建议,钻孔法检查尚无计算 K 值的合理方法和公式,推荐计算透水率 q 作为质量评定标准,透水率的计算公式见式(2-5)。

$$q = \frac{Q_3}{lP_3} \tag{2-5}$$

式中 q——试段的透水率,Lu;

l——试段长度,m;

Q_3——第三阶段的压入流量，L/min；

P_3——第三阶段的试验压力，MPa。

钻孔压水试验计算渗透系数可以参照《水电工程钻孔压水试验规程》(NB/T 35113—2018)，当试段位于地下水位以下时，透水性较小，P-Q曲线为层流型时，可按照式(2-6)计算岩土渗透系数。

$$K = \frac{Q}{2\pi Hl}\ln\frac{l}{r_0} \tag{2-6}$$

式中　K——岩体渗透系数，m/d；

　　　Q——压入流量，$\mathrm{m^3/d}$；

　　　l——试段长度，cm；

　　　r_0——钻孔内半径，cm；

　　　H——试验水头，cm。

式(2-6)将压水压力值换算成水头差，通过与钻孔常水头注水试验计算公式(2-3)的对比，发现两者的计算结果是一样的。

钻孔压水试验的透水率 q 与渗透系数 K 存在大致的换算关系，可参考《水利水电工程高压喷射灌浆技术规范》(DL/T 5200—2019)给出的关系式：

(1)地层透水率 q 为 1 Lu 时，约相当于渗透系数 K 为 1.3×10^{-5} cm/s；

(2)若要求 $K = i \times 10^{-6}$ cm/s，则可取 $q < 1$ Lu，取 $i = 1 \sim 9$；

(3)若要求 $K = i \times 10^{-5}$ cm/s，则可取 $q = 1 \sim 5$ Lu，取 $i = 1 \sim 9$；

(4)若要求 $K = i \times 10^{-4}$ cm/s，则可取 $q = 5 \sim 20$ Lu，取 $i = 1 \sim 9$。

法国 LUGEOTEST 钻孔压水试验设备由调压装置、水泵、栓塞、控制箱、氮气瓶组成，见图 2-60。该试验设备利用氮气瓶内气体压力进行栓塞膨胀和调节并稳定压水试验压力，调压装置通过回水阀门来调节钻孔内试段的压水试验压力，并通过调压装置上的流量计测量压水的流量。

1—栓塞；2—调压装置；3—氮气瓶；4—水泵；5—控制箱。

图 2-60　法国 LUGEOTEST 钻孔压水试验设备

在现场钻孔压水试验检测的过程中,高峰期间有同时4台钻机进行钻孔取芯,按照常规做法,需要每钻入5 m停止后进行该试段的压水试验,严重影响检测进度。为避免钻孔取芯与压水试验的交叉,现场采用双栓塞进行压水试验,在该钻孔取芯全部结束后进行压水试验,提高了工作效率。但需要注意下部栓塞与钻孔壁之间的密封性能,防止在进行上部压水试验时,试段内的水向下渗漏造成渗透系数偏大。双栓塞之间的试段长度为5 m,双栓塞的钻孔压水试验现场见图2-61。

1—上部栓塞;2—下部栓塞。

图 2-61　双栓塞的钻孔压水试验现场

(二)不同检测方法结果的对比

由于各个防渗检测方法的试验原理和计算公式不同,所得出的渗透系数结果也可能存在差异,这给检测合格评定、勘察报告取值等工作带来了一定的困难。

对于不同检测方法结果比较的研究较少,一般认为,钻孔常水头注水试验和钻孔降水头注水试验结果基本相同,围井试验结果大于钻孔注水试验结果,但三者均在同一个数量级上。综合考虑搅拌均匀程度、墙体有效搭接厚度、环境等因素对围井试验的影响,可认为三者测试成果基本一致。

本工程在同一取芯钻孔内进行压水试验和注水试验的对比试验,研究不同检测方法的结果之间的差异。在现场检测过程中,选择11根施工质量较好、桩体均匀完整的高压旋喷桩,在同一取芯钻孔内先后进行钻孔压水试验、钻孔注水试验(常水头和降水头)。压水试验采用栓塞分成5 m一段进行,试验压力值为0.1 MPa,较小的压水试验对高压旋喷桩桩体的破坏较小,因此压水试验的结果与后续进行的注水试验的结果具有可比性。注水试验未进行栓塞分段,通长试段长度为16.5~21.6 m。钻孔注水试验和压水试验结果对比见表2-4。

表 2-4　钻孔注水试验和压水试验结果对比

桩号	深度范围/m	分段压水试验		通长注水试验渗透系数	
		透水率/Lu	推算渗透系数/(cm/s)	降水头注水试验/(cm/s)	常水头注水试验/(cm/s)
ZW25-16	1.5~6.5	1.0	1.2×10^{-5}	1.4×10^{-6}	3.3×10^{-6}
	6.5~11.5	0.5	5.8×10^{-6}		
	11.5~16.5	0.6	7.0×10^{-6}		
	16.5~18.6	0.3	2.7×10^{-6}		
ZW25-135	1.5~6.5	0.9	1.0×10^{-5}	3.8×10^{-6}	4.1×10^{-6}
	6.5~11.5	0.2	2.9×10^{-6}		
	11.5~16.5	0.2	2.9×10^{-6}		
	16.5~20.5	0.1	1.7×10^{-6}		
ZW27-116	1.5~6.5	1.7	2.1×10^{-5}	1.3×10^{-6}	1.5×10^{-6}
	6.5~11.5	0.4	4.3×10^{-6}		
	11.5~16.5	0.2	2.8×10^{-6}		
	16.5~21.6	0.1	1.4×10^{-6}		
ZW13-19	2.0~6.5	0.2	1.9×10^{-6}	2.4×10^{-6}	3.7×10^{-6}
	6.5~11.2	0.9	1.1×10^{-5}		
	11.2~16.5	0.4	5.5×10^{-6}		
	16.5~21.5	1.5	1.8×10^{-6}		
ZW19-100	2.2~6.4	0.5	5.9×10^{-6}	9.0×10^{-6}	1.1×10^{-5}
	6.4~11.5	0.6	7.3×10^{-6}		
	11.5~16.0	0.9	1.1×10^{-5}		
	16.0~21.0	6.2	7.6×10^{-5}		
ZW33-44	1.5~6.5	0.3	3.5×10^{-6}	5.2×10^{-7}	9.7×10^{-6}
	6.5~11.5	0.1	1.4×10^{-6}		
	11.5~16.5	0.1	1.3×10^{-6}		
	16.5~20.8	0.1	1.5×10^{-6}		
SW3-74	1.5~6.5	0.9	1.0×10^{-5}	4.2×10^{-6}	3.2×10^{-6}
	6.5~11.5	0.4	4.4×10^{-6}		
	11.5~16.5	0.4	4.4×10^{-6}		
	16.5~19.0	0.5	4.9×10^{-6}		

续表 2-4

桩号	深度范围/m	分段压水试验		通长注水试验渗透系数	
		透水率/Lu	推算渗透系数/(cm/s)	降水头注水试验/(cm/s)	常水头注水试验/(cm/s)
ZW20-80	1.5~6.5	0.9	$1.0×10^{-5}$	$2.3×10^{-6}$	$3.8×10^{-6}$
	6.5~11.5	0.5	$5.7×10^{-6}$		
	11.5~16.5	0.3	$4.1×10^{-6}$		
	16.5~19.0	0.7	$7.0×10^{-6}$		
ZW18-81	1.5~6.5	0.6	$7.0×10^{-6}$	$1.3×10^{-6}$	$2.4×10^{-6}$
	6.5~11.5	0.2	$2.8×10^{-6}$		
	11.5~16.5	0.3	$4.1×10^{-6}$		
	16.5~20.5	0.1	$1.6×10^{-6}$		
ZW3-66	1.5~6.5	0.7	$8.7×10^{-6}$	$4.1×10^{-6}$	$1.3×10^{-6}$
	6.5~11.5	65.2	$8.0×10^{-4}$		
	11.5~16.5	0.1	$1.3×10^{-6}$		
	16.5~19.7	0.2	$1.9×10^{-6}$		
ZW8-127	1.5~6.5	3.7	$4.5×10^{-5}$	$5.8×10^{-6}$	$6.4×10^{-6}$
	6.5~11.5	3.6	$4.5×10^{-5}$		
	11.5~16.5	66.2	$8.1×10^{-4}$		

注:1. 压水试验透水率大于 10 Lu 时,超出了压水试验推算渗透系数公式的限定条件,为了方便与注水试验结果对比,仍按式(2-6)计算渗透系数。

2. 由于常水头注水试验通长进行,地下水位埋深约 8.0 m,部分试段位于地下水位以上,部分试段位于地下水位以下,分别采用两个计算公式计算渗透系数,最终结果为两者的平均值。

从表 2-4 可以发现,除 ZW3-66 和 ZW8-127 各有一个试段透水率较大($q>60$ Lu)外,其他高压旋喷桩防渗性能比较好。根据钻孔压水试验和钻孔注水试验结果,对分段压水试验的各段渗透系数取平均值,然后与降水头注水试验和常水头注水试验的结果进行对比,见表 2-5。

表 2-5 钻孔注水试验和压水试验渗透系数比值

桩号	$K_{压水试验}/K_{降水头注水试验}$	$K_{压水试验}/K_{常水头注水试验}$	$K_{降水头注水试验}/K_{常水头注水试验}$
ZW25-16	4.9	2.1	0.4
ZW25-135	1.2	1.1	0.9
ZW27-116	5.7	4.9	0.9
ZW13-19	2.1	1.4	0.7

续表 2-5

桩号	$K_{压水试验}/K_{降水头注水试验}$	$K_{压水试验}/K_{常水头注水试验}$	$K_{降水头注水试验}/K_{常水头注水试验}$
ZW19-100	2.8	2.2	0.8
ZW33-44	3.7	0.2	0.1
SW3-74	1.4	1.9	1.3
ZW20-80	2.9	1.8	0.6
ZW18-81	3.0	1.6	0.5
ZW3-66	49.5	162.4	3.3
ZW8-127	51.7	46.9	0.9

从表 2-5 中通长质量较好的高压旋喷桩(ZW25-16~ZW18-81)的检测结果可以看出,分段压水试验得出的渗透系数比通长注水试验的结果稍大,但渗透系数结果没有量级上的差异。

产生上述差异的原因可能是高压旋喷桩内存在某些细小缝隙,与注水试验相比,压水试验压力水头较大,其测得的渗透系数会轻微增大。由于上述三种试验的压力水头从大到小排列为:

$$h_{压水试验} > h_{常水头注水试验} > h_{降水头注水试验}$$

按照上述原因解释,得出的渗透系数从大到小排列顺序应该为:

$$K_{压水试验} > K_{常水头注水试验} > K_{降水头注水试验}$$

由表 2-5 可看出,分段压水试验得出的渗透系数是常水头注水试验的 1.9 倍,是降水头注水试验的 3.1 倍左右,符合上述规律。

因此,为了加快检测进度,当高压旋喷桩整体性较好时采用通长钻孔注水试验是可行的,其渗透系数结果与分段压水试验结果接近,也可以利用两者的试验结果进行相互验证。

ZW3-66 和 ZW8-127 高压旋喷桩某段存在漏水点,分段压水试验能够较准确地发现桩体漏水点,而通长注水试验一般难以准确发现桩体漏水部位。因此,在钻孔取芯发现桩体整体性较差,局部夹黏土团或者砂团时,应避免采用通长注水试验,以免得出的渗透系数偏小。

三、高压旋喷桩防渗质量影响因素分析

信江航电枢纽场地的深厚砂卵砾石层对于防渗结构的质量控制十分不利,通过对高压旋喷桩防渗质量的检测结果进行总结,结合勘察资料、施工资料等对高压旋喷桩的防渗质量的影响因素进行分析,为后续工程提供参考。

(一)桩机设备因素

本次高压旋喷桩施工主要采用圆管桩机和方管桩机两种施工设备,见图 2-62。

 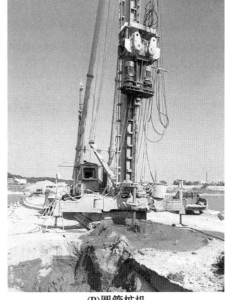

(a)方管桩机　　　　　　　　　　　(B)圆管桩机

图 2-62　方管桩机与圆管桩机

　　方管桩机通过底座上的转盘施加扭矩使方形钻杆回转钻进,并通过在钻杆底端侧面的喷浆孔喷射高压水泥浆切削土体,使水泥浆与土体混合均匀。在方形钻杆回转的过程中,会与周围土体之间产生空隙,形成水泥浆的向上返浆通道,导致土体内水泥掺入量偏少,高压浆体的切削效果减弱。现场对方管桩机水泥用量统计发现,每延米的水泥掺入量约 200 kg,远小于施工方案中确定的每延米 300 kg 的水泥掺量。

　　圆管桩机通过钻杆顶部的电动机驱动圆形钻杆回转钻进,圆形钻杆在回转钻进过程中不会与周边土体产生空隙,因此水泥浆注入量大,高压射流切削混合效果好,圆管桩机每延米的水泥掺入量约 250 kg,稍小于施工方案中的水泥掺量。

　　对现场纵向围堰上游段的高压旋喷桩检测结果进行统计分析,该区域地层分布均匀,具有较好的对比参考意义,其中,ZW13~ZW29 采用圆管桩机(单喷嘴),ZW30~ZW33 采用方管桩机(单、双喷嘴),按照现场钻孔取芯的完整性,并参考压水试验的渗透系数结果,判定出较完整的桩。部分桩的渗透系数稍大于设计要求的 1×10^{-5} cm/s,但桩体较完整,能够达到防渗的效果,统计结果见表 2-6。

表 2-6　纵向围堰方管桩机和圆管桩机施工质量统计

施工工艺	施工区域	检测数量/根	较完整的桩/根	较完整的桩的比例/%
圆管桩机(单喷嘴)	ZW13~ZW29	23	21	91.3
方管桩机(单、双喷嘴)	ZW30~ZW33	8	2	25.0

　　从表 2-6 发现,圆管成桩工艺方法的施工质量好于方管成桩的施工质量,后续类似工程建议采用圆管成桩工艺。

(二)土层因素

左岸围堰地层自上而下可划分为粉质黏土层、砂土层、砂卵砾石层、全风化粉砂岩层,为了避免其他因素对施工质量的影响,选取左岸围堰圆管桩机设备施工的 ZW13~ZW29 区域的高压旋喷桩检测结果,对各土层的压水试验透水率和无侧限抗压强度值分别进行统计,统计结果分别见表 2-7 和表 2-8。

表 2-7　压水试验透水率结果　　　　　　　　　　　单位:Lu

土层	透水率		
	最大值	最小值	中位数
粉质黏土层	132.5	0.2	0.7
砂土层	45.8	0.1	0.4
砂卵砾石层	46.7	0.1	0.3
全风化粉砂岩层	27.1	0.1	0.3

表 2-8　无侧限抗压强度试验结果　　　　　　　　　单位:MPa

土层	抗压强度		
	最大值	最小值	中位数
粉质黏土层	6.39	1.06	2.50
砂土层	21.72	2.42	9.43
砂卵砾石层	25.33	3.87	10.23
全风化粉砂岩层	8.10	2.37	4.38

根据表 2-7 和表 2-8 的统计结果,高压旋喷桩在粉质黏土层、砂土层、全风化粉砂岩层内的质量较好,但在砂卵砾石层容易产生质量问题,防渗性能波动较大,需要引起重视。在高压旋喷桩桩体整体性较好的情况下,砂卵砾石和中粗砂能够与水泥浆产生较好的胶结反应,硬化后形成的胶结体渗透系数小、抗压强度大。但在纵向围堰下游段和右岸堤防段、下游围堰等区域,在砂卵砾石层中的高压旋喷桩出现了较大范围桩体破碎、水泥含量较少的质量问题,导致该砂卵砾石层的压水试验渗透系数较大,防渗效果较差。

(三)分序施工工艺因素

信江航电枢纽项目的高压旋喷桩施工在前期采用不分序施工工艺,之后采用分序施工工艺,为了避免其他因素对施工质量的影响,只统计纵向围堰 ZW13~ZW29 区域的高压旋喷桩检测结果(都采用圆管桩机施工,地层分布类似),见表 2-9。

表 2-9　纵向围堰 ZW13~ZW29 分序因素影响

施工工艺	检测数量/根	较完整的桩/根	较完整的桩的比例/%
不分序工艺	14	12	85.7
分序工艺	9	9	100

根据表2-9的统计结果,分序施工后的高压旋喷桩整体性得到提高,相邻桩体相互咬合使整体防渗质量得到了提高。

四、围堰降排水研究

围堰内的防渗结构施工完成后,需要进行围堰内降排水,既要保证排水的速率不影响开挖及主体构筑物施工,也要保证排水过程中的边坡安全。首先需要对围堰内排水量进行计算,然后确定排水沟布置和水泵数量。根据排水阶段的不同,围堰内降排水分为初期排水和经常性排水。

(一)围堰降排水计算

降排水计算主要包括围堰高压旋喷桩闭气后围堰内的排水量计算,根据《水电水利工程施工基坑排水技术规范》(DL/T 5719—2015),主要包括初期排水量计算和经常性排水量计算。

1. 初期排水量计算

初期排水总量应按围堰闭气后的基坑积水量、渗水量、基坑覆盖层含水量、降水量等进行计算。根据《水电水利工程施工基坑排水技术规范》(DL/T 5719—2015),降水量宜采用初期排水时段当月多年日平均降水量计算。

1) 积水量

计算围堰闭气后河床底标高以上的存水量。通过测量河床内河流水位,并与河床底部地形测量结果做对比,可以利用CASS地形软件求出河床内积水量。

2) 渗水量

四周堰体的渗水量按照《水电水利工程施工基坑排水技术规范》(DL/T 5719—2015)计算,见式(2-7)。

$$Q_s = \frac{1}{2} \left[q_1 l_1 + (q_1 + q_2) l_2 + \cdots + q_{n-1} l_n \right] \tag{2-7}$$

式中　Q_s——总渗流量,$\mathrm{m^3/h}$;

q_1、q_2、q_{n-1}——1、2、$n-1$ 的各断面堰身和堰基单宽渗流量,$\mathrm{m^3/(m \cdot h)}$;

l_1、l_2、l_n——断面间距离,m。

由于围堰内一般都没有防渗结构,因此可以按照《水电水利工程施工基坑排水技术规范》(DL/T 5719—2015)附表 A.0.2 围堰渗流量计算中不透水地基上的心墙围堰,计算简图见图2-63。

图中　k_1——心墙外围堰体的渗透系数,cm/s;

　　　k_2——心墙的渗透系数,cm/s;

　　　H_1——围堰外侧的水位,m;

　　　h_1、h_2——围堰内浸润线高度,m;

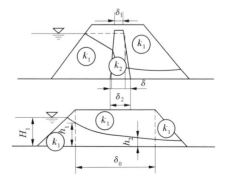

图2-63　带防渗心墙围堰渗水量计算

δ_1——心墙的宽度，m；

δ_2——心墙换算后的宽度，m。

将实际防渗结构的厚度及渗透系数代入式(2-7)中，可以求出围堰四周的渗水量。在计算过程中应注意结合防渗结构的实际检测数据，选取合适的防渗结构的渗透系数。如果防渗结构检测结果较差，可以在计算中选取较大的渗透系数，尤其在上、下游围堰等高水头部位。

当围堰内防渗结构采用高压旋喷桩和防渗土工膜的组合式防渗结构，可以采用GeoStudio SEEP/W 软件进行计算，获得更为准确的渗水量。

3）基坑覆盖层含水量

假定将围堰内除河床外的覆盖层（基坑围堰内河心岛部分）的水位降至 5.0 m。根据2018 年工程地质编委会编写的《工程地质手册》中的给水度经验值，可以计算出覆盖层的含水量。但在现场初期排水过程中，通过对现场实际排水量的统计，发现覆盖层内的水排出较少，在计算过程中，可以选取较小的给水度值。

4）降水量

降水量宜采用初期排水时段当月多年日平均降水量计算。实际过程中可以在施工场地设立雨量计，实时监测该场区的实际降水量，进一步指导现场排水及开泵数量。

2. 经常性排水量计算

基坑内经常性排水量由基坑渗水量、施工弃水量、降水汇水量和基坑覆盖层含水量等组成。

1）基坑覆盖层含水量

由于经常性排水一般对应基坑的开挖，如果在开挖深度内存在砂卵砾石层等粗粒土，给水度按照 0.3 考虑。尤其在开挖部位的排水量较大，需要提前布置水泵排水，保证开挖干作业条件。

2）基坑渗水量

基坑渗水量与初期排水的计算方法相同，但需要注意随着围堰内的水位降低，围堰内外的水头差变大，渗水量会变大。

3）施工弃水量

施工弃水量暂时难以估计，主要考虑养护用水、冷却用水、基底高压冲刷用水等用水量，需要在施工中进一步完善数据。

4）降水汇水量

降水汇水量按多年各月最大日降水量分别计算排水量，综合考虑排水泵运行条件、水质状况、降水天气对施工的影响，选择当月最大日降水 20 h 排干，见式(2-8)。

$$Q = P \times F/(1\,000 \times 20) \tag{2-8}$$

式中　Q——各月降雨期间各泵站汇水量雨水排出量，m^3/h；

P——统计资料中当月最大日降水量，mm；

F——汇水区内汇雨面积，m^2。

(二)现场排水布置

1.初期排水布置

初期排水主要将河床底面以上的水排干,建议降水速度为0.8 m/d。在上、下游围堰河床深槽段各设一个排水点,将河床内的水排到围堰外侧大河。在围堰内侧搭建平台放置离心泵,泵头设浮筒,避免泵头被砂埋没而影响排水或损坏水泵。卧式离心泵平台见图2-64。

图2-64 初期排水卧式离心泵平台

潜水泵悬挂在浮筒上,然后放置在河床内进行排水。焊接钢筋架及浮筒加工现场见图2-65。这样的连接构造能够保证浮力作用下的水泵及浮筒的稳定性,能保证水泵始终浸没在水中,防止水泵干烧损坏电机。

图2-65 焊接钢筋架及浮筒加工现场

随着河床内水面的降低,需要将离心泵移到标高较低的平台,并接长排水管。潜水泵随着河床内水面逐渐降低,也需要不断接长排水管(见图 2-66)。

图 2-66　初期排水泵水管接长

在围堰外侧排水管的出水口处设置块石护坡,也可以用脚手架搭设平台将排水口远离围堰边坡(见图 2-67),防止排水冲刷围堰边坡,影响围堰的稳定性及防渗能力。

图 2-67　脚手架上的排水口

2. 经常性排水布置

为拦截地表水流入基坑,沿基坑周围(原地面标高处)设一道截水沟,截水沟从中部向上、下游两边设 0.3%坡降,排水沟的水集中流入两端挖好的集水坑中,经沉淀后排入河滩。

船闸、泄水闸基坑坑底位于岩层中,在强风化岩层顶标高处开挖截水沟和小型集水坑,然后将坑底的渗水用潜水泵上提排到集水坑内,然后利用离心泵将集水坑内的水排到上、下游大型集水坑,再由大型集水坑排到上、下游围堰外侧,可以根据现场实际情况进行调整。

　　由于采砂,围堰内抽水后,河床高低不平,低洼积水区域较多,需要利用水陆挖机疏通各个积水坑,然后采用水泵将汇水排至围堰外(见图 2-68)。

图 2-68　水陆挖机疏通水坑

　　在基坑分层开挖过程中,为了在开挖前将土体内的水提前排干,需要在基坑土体开挖前首先开挖深沟并填筑隔水子埝,将深沟内的水排至子埝外侧(见图 2-69),保证将水位降至开挖深度以下。现场深沟开挖布置见图 2-70。

图 2-69　深沟向子埝外排水

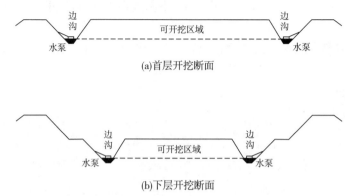

图 2-70　现场深沟开挖布置图

(三) 水泵的选型

根据抽水扬程及抽水量推荐使用卧式离心泵或潜水泵。潜水泵与卧式离心泵的对比见表 2-10。

表 2-10　潜水泵与卧式离心泵对比

项目	潜水泵	卧式离心泵
排水量	较小	较大
搭设平台	不需要	需要
移动	移动方便,需要挖掘机	移动不方便,需要吊车
浮筒	潜水泵设置在浮筒上	吸水头需要挂在浮筒上

为了施工方便,现场采用潜水泵和卧式离心泵组合的方式,配置见表 2-11。

表 2-11　潜水泵与卧式离心泵配置

项目	潜水泵	卧式离心泵
数量/台	30	8
流量/(m³/h)	200	400
功率/kW	22	55
布置	上游 10 台,下游 20 台	上游 3 台,下游 5 台

(四) 安全监测

1. 水泵排水量监测

每天记录水位的下降值,严格将水位下降的速率控制在规定范围内。记录开泵数量及开泵时间,计算水泵的理论排水量,并通过前期的河底地形图推算河床内水体每天的减少量,通过两者的差值大致推算周边渗水量。

2. 现场巡查

每天进行现场巡查,观测围堰边坡的稳定性,查看边坡裂缝、流土流沙现象,记录渗水点的位置及大小,发现不安全情况进行记录并报警,如水位骤降土体内水排出引起的浅层滑坡(见图 2-71)。

图 2-71　水位骤降引起的浅层滑坡

3. 渗流量监测

为监测围堰的渗水量,在上、下游围堰内侧选取较大漏水点布设量水堰,进行渗流量监测。围堰漏水点的量水堰监测现场见图 2-72。

图 2-72　围堰渗流量监测现场

现场监测发现,上游围堰(靠左岸)的其中一处漏水点的渗流量为 $70\sim80\ \text{m}^3/\text{h}$,下游围堰(靠左岸)的其中一处漏水点的渗流量为 $6.5\ \text{m}^3/\text{h}$,现阶段渗流量比较稳定,当围堰外水位上升时继续加强监测,判断渗流量是否有增大趋势,保证上、下游围堰的安全。

4. 围堰稳定性监测

在围堰四周埋设测斜管、水位管、孔隙水压力计等,对围堰降排水期间的安全稳定性进行监测,监测项目主要有表层沉降位移、深层水平位移、渗压、水位监测,通过对监测数据的汇总分析,计算累计值及变化速率,并判定围堰的安全性。典型监测断面仪器布置见图 2-73。

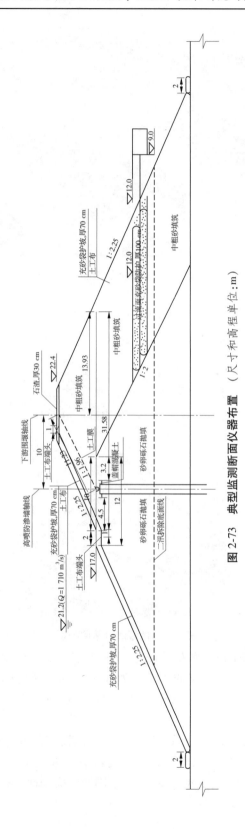

图 2-73 典型监测断面仪器布置 (尺寸和高程单位:m)

5. 降雨量监测

在围堰周边安装雨量计对降雨量实时监测,当降雨量超过报警值时及时采取措施,增加备用水泵数量,及时排干围堰内的水,保证现场施工。

第四节　本章小结

(1)江西信江八字嘴航电枢纽围堰工程属于临时工程,为枯期围堰,结合现场实际情况和现场材料开采情况进行优化设计,原围堰防渗体系采用回填黏土等材料作为防渗反滤料,通过围堰堰体选型、堰体材料等方面研究及工程实践,从原材料使用、组合防渗体系等方面着手,解决围堰组合防渗技术难点。通过围堰稳定监测,证明了本技术的经济性和可行性,并在施工过程中得到了进一步检验及拓展。

目前,江西信江八字嘴航电枢纽工程已顺利完成交工验收,在施工期间围堰有力保障了项目干地施工条件,抵御了 4 次 22 m 的水位,仅低于设计高水位 2.5 m,证实了围堰组合防渗体系的稳定性和可行性,为此技术在相似工程中推广应用提供有力支撑。

(2)双轮铣施工智能监控系统,对双轮铣钻进速度、铣轮转速、铣削提升速度、注浆流量、注浆压力及水泥掺量等参数进行监测。同时,引入图像识别、移动端 App 等技术,实现双轮铣施工参数的智能化精细监测,规范双轮铣现场施工,提高双轮铣的运行效率与施工质量,对今后双轮铣规范化施工提供针对性的解决方案,并对同类型的工程具有重要的参考价值与良好的推广应用前景。

(3)通过对防渗检查方法的研究和高压旋喷桩质量影响因素分析,得出以下结论:

①高压旋喷桩在砂卵砾石层容易产生桩体破碎、水泥含量较少的质量问题,现场检测发现采用圆管钻机、按照分序方式施工的高压旋喷桩质量较好。

②对于整体性较好的防渗结构,不同检测方法结果没有量级上的差异,分段压水试验得出的渗透系数比通长注水试验的结果稍大。为加快检测进度,当高压旋喷桩整体性较好时,采用通长钻孔注水试验检测高压旋喷桩防渗性能是可行的。

③对于整体性较差的防渗结构,不同检测方法的结果差异较大,分段压水试验能够较好地发现桩体漏水点,通长注水试验一般难以准确发现桩体漏水部位。在钻孔取芯发现桩体整体性较差、局部夹黏土团或砂团时,应避免采用通长注水试验进行检测。

(4)依托江西信江八字嘴航电枢纽工程的围堰内初期排水和经常性排水的规划设计,从排水量计算、排水沟和集水坑的设置、水泵选型、围堰监测等方面进行了总结,得出以下结论:

①降排水计算可以根据《水电水利工程施工基坑排水技术规范》(DL/T 5719—2015)进行计算,但由于覆盖层的含水量排出速度较慢,在初期排水时不会全部渗出,所以给水度可以适当取小值。围堰渗水量与防渗结构密切相关,可采用 GeoStudio 程序中的 SEEP/W 进行渗流计算。

②围堰降排水采用集水明排方式,并根据"两级截水,三级排水"的原则对排水沟和集水坑进行布置。水泵可以采用卧式离心泵或潜水泵,初期排水可以采用两者相结合的方式,经常性排水建议采用潜水泵。

第三章　超大深基坑数字化施工技术

江西信江八字嘴航电枢纽工程地质条件、工程结构复杂,施工周期长,施工期间面临的挑战极大。该工程的土石方开挖量约 616.48 万 m³,基坑最大深度约 30 m,属于超大深基坑,存在以下特点:

(1)土石方工程多,工程量计算困难。土石方分界、断层带、破碎带等的现场确认都存在着巨大的不确定性。并且,随着季节和水位的变化等,诸多的隐蔽工程都将成为难点。

(2)工程主体结构复杂,使得基坑断面形式繁多、排水体系复杂。

(3)本工程工期紧张,施工便道布置复杂,且变化多样。

因此,前期科学全面的规划设计,对整个工程的顺利进行具有重要意义。根据以上几个特点,该工程基坑作业中测量工作和土方验收工作量大,传统人工测量无法满足要求。基于此项目引入 BIM 技术实现基坑开挖数字化指导。目前,国内相关工程中对 BIM 技术的应用尚在起步阶段,利用 BIM 技术对枢纽工程超大深基坑设计优化的案例非常少。将BIM 技术引入超大深基坑施工前期技术准备阶段,及时发现施工期中可能面临的问题,有针对性地对方案进行优化等,快速完成技术准备,从而提高工程质量、保障进度。这对于航电枢纽工程来说是一项重大的技术创新与尝试。

第一节　基坑综合模型构建

对于复杂的基坑结构形式,直接运用三维模型进行基坑深化设计,直观、高效地处理基坑细部结构,能够避免二维设计出现的高程方面的偏差。同时,可与道路、排水系统、防护设施等协同设计。基坑结构形式设计完成后,可快速得出工程量。根据工程量情况,按阶段设计开挖过程,可提前规划土石方开挖施工并直接指导现场施工。

一、Civil 3D 软件地形建模

在 Civil 3D 中通过原始的测量点数据创建地形模型,可以避免通过其他软件处理而引入的额外误差。同时,也可以根据不同的数据来源,采用不同的方式创建地形模型,如使用点数据文件。在 Civil 3D 中,可以导入文本格式的点数据文件,即.txt 或.csv 文件。地形三角网见图 3-1,原始地形见图 3-2。

二、参数化基坑模型构建

若按传统建模方式逐步建立基坑模型,将大幅增加基坑建模的工作量,且模型单一不易更改,可能导致大量返工。为了避免这些情况的发生,采用建立通用族的方式来建立基坑模型,减小工作量的同时增加了模型更改的灵活性。通用族为参数化构件,参数主要包括坡比、断面尺寸、断面高差等。船闸基坑模型见图 3-3。

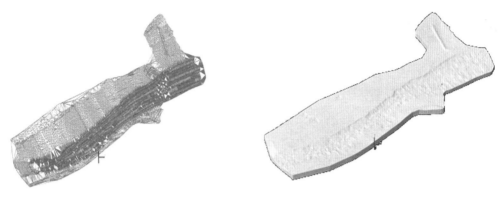

图 3-1　地形三角网　　　　　　　　图 3-2　原始地形

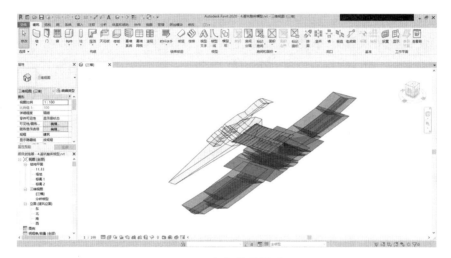

图 3-3　船闸基坑模型

三、多软件协同进行地形模型与基坑模型整合

将地形模型与基坑模型在 CAD 软件中进行整合,形成基坑综合模型。模型整合前、后分别见图 3-4、图 3-5。

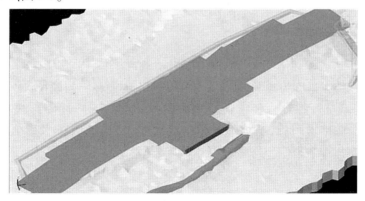

图 3-4　模型整合前

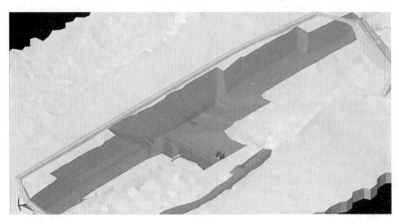

图 3-5　模型整合后

四、施工道路及排水系统方案优化设计

施工道路分为开挖便道和施工便道。开挖便道主要是满足土方转运需要；施工便道主要为主体结构施工提供通道。道路设计开挖过程以尽量避免超挖、更多形成环路为原则，科学设计开挖便道和施工便道。

由于边开挖、边施工使得八字嘴航电枢纽工程基坑内便道变化繁多，相比于传统二维平面图，利用基坑模型设计道路既可直观体现道路的位置及地形情况，又可实时统计道路开挖工程量，使道路设计更加科学、方便。基坑施工道路见图3-6。

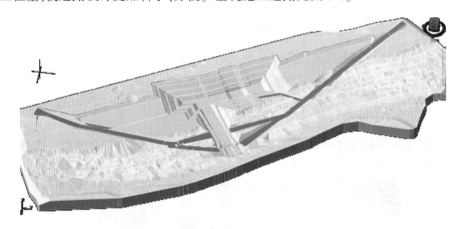

图 3-6　基坑施工道路

排水系统以施工进度为参考，整体设计保证排水的通畅。初期排水结束后机械可进入河床作业时，基坑开挖进入经常性排水阶段；基坑开挖时预留截（排）水沟、积水井（坑），形成经常性排水系统，基坑每开挖一级台阶，形成一级排水系统。排水系统见图3-7，边坡排水见图3-8。

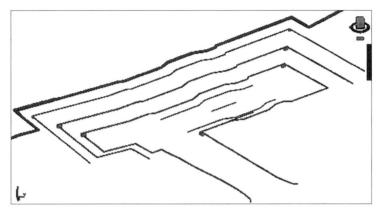

图 3-7　排水系统

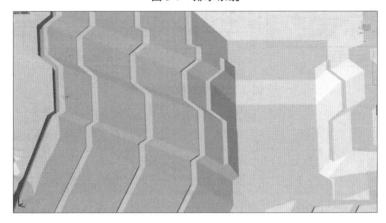

图 3-8　边坡排水

第二节　基坑开挖深化设计

一、基坑开挖流程模拟

运用三维模型进行基坑深化设计,直观、高效地处理基坑细部结构,避免二维设计出现高程方面的偏差。对关键节点进行模拟设计,可快速得出工程量。根据工程量情况,按阶段设计开挖过程,提前规划土石方开挖施工直接指导现场施工。基坑开挖过程模拟见图 3-9。

二、开挖控制点任务派发

将基坑综合模型与工程进度计划进行匹配,得到每日开挖工程量、开挖点位、开挖控制点、控制边线,并派发施工任务单。

开挖控制点从实时更新模型中直接提取,派发至相关管理人员使用,改变了以往现场施工技术人员人工量测的数据获取方式,施工精度大幅提高。BIM 模型控制点提取见图 3-10,任务派发见图 3-11。

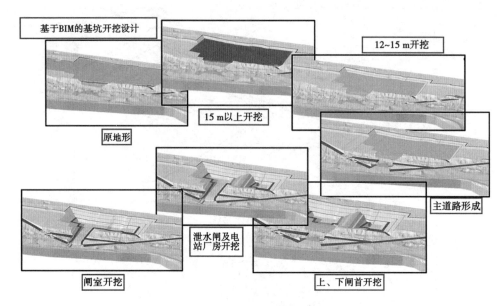

图 3-9　基坑开挖过程模拟

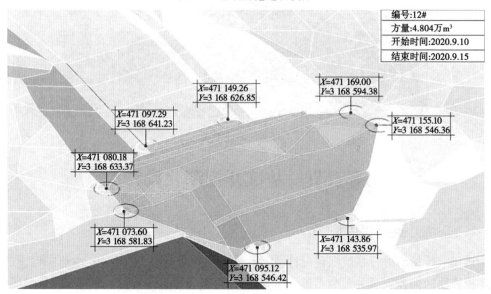

图 3-10　BIM 模型控制点提取

三、开挖过程进度推演

　　将土方模型与进度计划模型匹配,可直观地反映土方开挖过程、指导现场施工、及时了解各阶段工程进展状况。利用设计结果直接得出每日开挖工程量及开挖点位,实现精细的土方平衡。通过进度推演,能够更加科学地优化开挖方案,保障施工的顺利进行。

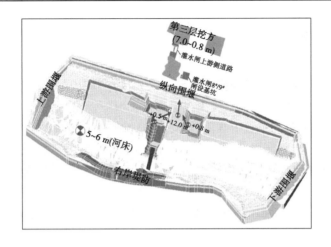

图 3-11　任务派发

第三节　倾斜摄影土方测量

一、测量系统构成

通过三维倾斜摄影技术采集 GIS 数据。倾斜摄影测量技术具有以下特点：①可实现对土方等不规则物体的快速精准测量；②可实现真实的三维环境模型；③可操控性强、作业机动性强。基于上述特点及八字嘴航电枢纽工程特性，可将无人机倾斜摄影技术应用于土方管理、砂石料管理以及围堰监测等方面。

利用无人机倾斜摄影技术得到具有一定重叠度的多角度影像，配合自动化建模软件Context Capture Center 生成 Mesh（三角网）模型，经计算处理形成相对准确的 GIS 模型。再结合 Civil 3D 软件，可将倾斜摄影计算后的点云数据进一步处理，形成可供工程利用的三维模型，可实现高效准确的工程量统计以及剖面分析等传统方式难以完成的工作。六轴无人机见图 3-12。

图 3-12　六轴无人机

二、外业数据采集

(一) 数据采集范围确认

像控点选取:①像控点一般根据测区范围统一布点,应均匀、立体地布设在测区范围内;②布设在同一位置的像控点应联测成平高点;③像控点点位的分布应避免呈近似直线;④点位应尽量选在旁向重叠中线附近,离开方位线大于 3 cm 时,应分别布点。

像控点布设方案与测区要求的精度有关,同时还与测区复杂程度和采用的数据处理软件有关。八字嘴航电枢纽项目像控点坐标见图 3-13。同时,根据基坑范围规划无人机数据采集航线、像控点,优化航拍方案,提升作业效率。实地像控点布设见图 3-14。

```
XKD1,3168042.961,467998.036,19.390,
XKD2,3168126.747,468132.573,10.231,
XKD3,3168233.084,468266.005,17.762,
XKD4,3168105.624,468348.324,17.787,
XKD5,3168020.217,468226.636,5.250,
XKD6,3167877.525,468098.609,19.315,
XKD7,3167732.873,468158.252,19.310,
XKD8,3167854.769,468324.027,6.499,
XKD9,3167962.819,468461.692,10.856,
XKD10,3167860.911,468570.608,14.229,
XKD11,3167731.396,468387.646,6.053,
XKD12,3167605.282,468232.934,19.201,
XKD13,3167496.408,468347.174,19.028,
XKD14,3167604.823,468477.053,14.723,
XKD15,3167722.696,468639.130,11.429,
XKD16,3167588.883,468718.768,13.427,
XKD17,3167480.852,468537.595,13.833,
XKD18,3167360.442,468427.703,19.795,
XKD19,3167302.945,468520.714,18.725,
XKD20,3167358.074,468599.850,13.797,
XKD21,3167417.737,468737.204,11.398,
```

图 3-13　像控点坐标

(a)

图 3-14　实地像控点布设

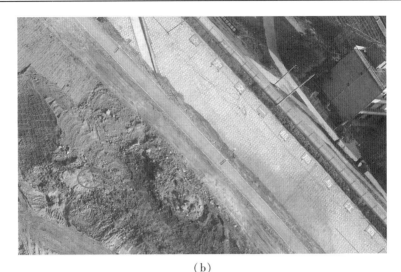

（b）

续图 3-14

（二）航线规划及参数设定

倾斜航测的飞行参数包括高度、速度、航向间距等。

（三）无人机航测作业

无人机搭载相机以恒定速度对地面进行等距拍照，采集到具有 70% 重叠率的相片；POS 数据由飞控系统在相机拍照时生成，与相片一一对应，赋予相片丰富的信息，包括经纬度、高度、海拔、飞行方向、飞行姿态等。

三、内业土方计算

对不规则三角网格模型开展线性内插和双线性内插，生成原始地形的数字高程模型，以设计图纸各特征点的平面坐标和高程值为参考值，计算两个模型之间的填挖土方量。开挖工程量统计见图 3-15。

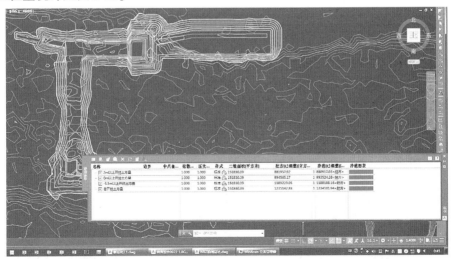

图 3-15　开挖工程量统计

基于倾斜摄影的土方计算路线见图 3-16。

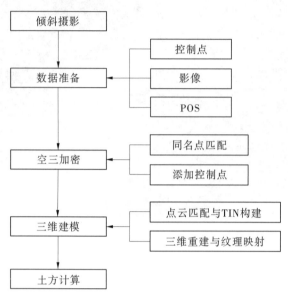

图 3-16　基于倾斜摄影的土方计算路线

四、数据模型校核

将无人机采集的数据结果与基坑综合模型进行对比,计算出工程数据的偏差。模型校核的具体方法为:

(1)施工周期结束后,通过无人机扫测获取具有一定重叠度的多角度影像。

(2)配合 Context Capture 自动化软件输出相应 GIS 成果。使用 Civil 3D 软件对 GIS 成果进行三维建模,建立 GIS 模型。收集的基坑 GIS 数据见图 3-17,点云数据处理见图 3-18。土方施工现场 GIS 模型见图 3-19。

图 3-17　收集的基坑 GIS 数据

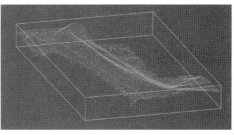

图 3-18　点云数据处理

图 3-19　土方施工现场 GIS 模型

（3）将基坑综合模型与 GIS 模型统一在 Civil 3D 中进行对比，找出 GIS 模型与基坑模型的偏差，获取计划进度与实际进度的差值。基坑模型与 GIS 模型主要对比内容包括：设计控制开挖线与实际开挖线位置、设计开挖高程与实际开挖高程、设计开挖方量与实际开挖方量等。在 GIS 模型中找到偏差，对任务下一步动态调整及时纠偏，在一定程度上给予施工进度保障。在 Civil 3D 软件中对比设计地形与实际地形，见图 3-20。

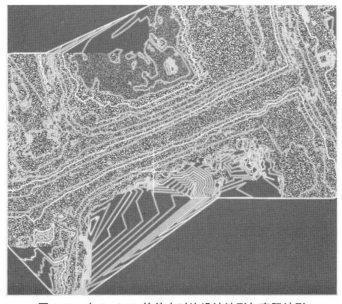

图 3-20　在 Civil 3D 软件中对比设计地形与实际地形

(4)在人员、设备满足施工强度的情况下,按照控制边线、高程、开挖量的次序相应增加下一阶段施工任务;人员、设备难以满足施工进度要求的情况下,增加人员和设备的投入以满足施工进度;同时,根据实际进度,进一步优化土方开挖施工方案。

五、精度分析

三维模型修饰后,采取人工实测平高检查点的方式对模型精度进行检验,以船闸测区为例,检验结果见表 3-1。

表 3-1　GPS-RTK(时动态差分定位技术)检测结果比对

点号	$\Delta X/m$	$\Delta Y/m$	$\Delta H/m$
JC07	0.038	0.015	0.046
JC08	0.041	0.024	0.037
JC09	0.033	0.040	0.021
JC10	0.036	0.025	0.041
JC11	0.038	0.012	0.042
JC12	0.040	0.031	0.040
JC13	0.021	0.014	0.043

注:ΔX 为 X 坐标差值;ΔY 为 Y 坐标差值;ΔH 为高程差值。

经检验,船闸测区平均平面最大中误差为 0.034 m,平均高程中误差为 0.041 m,均在 1:500 比例尺三维测图限差范围内,满足信息化建设对测图精度的要求。

第四节　本章小结

本章对于复杂的基坑结构形式,直接运用三维模型进行基坑深化设计,直观、高效地处理基坑细部结构,能够避免二维设计出现高程方面的偏差。同时,可与道路、排水系统、防护设施等协同设计。基坑结构形式设计完成后,可快速得出工程量。根据工程量情况,按阶段设计开挖过程,提前规划土石方开挖施工,直接指导现场施工。

土石方施工在八字嘴航电枢纽项目建设中占比较大,基坑顺利施工才能保证后续主体结构的顺利进展。与此同时,该项目基坑结构复杂,施工又常在雨季,传统的粗放式管理难以精确测量并把控整体进度,若要在指定时间内完成工作需要配备较多的施工资源。

八字嘴航电枢纽项目在项目前期通过精细规划开挖顺序,并在开挖过程中精细化管理,确保了该项目基坑工程的顺利实施。相比传统应用二维图纸放样,在放样精度上有较大提高。经测试,传统二维图纸若不考虑地形情况,最大平面偏差可达±10 m。开挖顺序可提前规划,相比传统更加方便。应用无人机三维倾斜摄影技术,实现了每日校核土方施工工程量的目的,可有效管理土方施工,传统施工难以实现如此精细的管理模式。数字化技术确保了工程的有序开展。

第四章　混凝土与钢筋数字化生产技术

混凝土作为建筑施工中的主要材料,直接影响着施工质量和施工工期。江西信江八字嘴航电枢纽项目混凝土总方量约 130 万 m³,钢筋总量约 3.8 万 t,根据项目施工强度得出混凝土浇筑高峰月强度为 9 m³/月,钢筋加工强度为 1 500 余根/日,且项目结构复杂,配备种类多达 30 多种,钢筋加工动作烦琐。基于此,项目开展了施工建筑材料数字化生产技术研究,引入 BIM 技术、数字化技术,形成自动化、智能化生产,提升生产效率,提高工程质量,减少废料造成的社会环境影响。

第一节　混凝土生产数字化技术研究

一、硬件基础

(1)根据航电枢纽工地混凝土生产的特点和需要,对整个系统进行了系统的分析,发现混凝土生产具有数据量大、时效性强且数据要求严格准确等特点,就把整个车辆识别系统采用 C/S(Client/Server)开放模式的结构运行,数据存储于服务器上,并在 Server 端进行数据处理。

(2)车辆识别系统,整个局域网采用点对点对等网的组网方式。

(3)根据对等局域网采用 TCP/IP 的最少支持 8 个点的网络设备。

(4)整个车辆识别系统都采用 Delphi 6.0 的开发环境。

(5)根据水电工地地理条件复杂和环境嘈杂的特点,采用车道指示器、红外车辆检测器、语音报警装置。

二、系统开发流程

整个车辆识别系统通过硬件网络全部连接在一起,在数据库厂商提供数据库接口的基础上进行统一的开发,以满足综合数据查询和远程数据访问、分布式数据存取的需要,以数据服务器为中心,通过系统良好的数据接口,把以混凝土生产为主要功能的各个系统连接在一起,使得各个对等的子系统平滑地对数据进行共享和使用,同时还保证各个系统的独立性,互不干扰。在界面的风格上,使得子系统的界面达到高度的一致。

三、车辆识别系统

为提高混凝土搅拌系统的管理水平和生产效率,实现搅拌系统的自动车辆识别、自动调度管理、自动生产混凝土、自动材料管理和自动数据管理,可组建搅拌系统的局域网,以服务器为中心平台实现数据共享,按各个部门的职责功能实现各部门的信息共享、数据的查阅及修改,能有效地控制生产过程中混凝土的质量,有效杜绝人为生产事故的发生。

　　整个车辆识别系统主要由车辆识别服务器系统、车辆识别控制系统、车辆识别网络生产系统、其他子系统(生产部管理系统、地磅管理系统、调度管理系统、实验室配比生成系统、经理室监控系统)等组成,可根据需要进行扩充(见图4-1)。车辆识别系统的流程见图4-2。

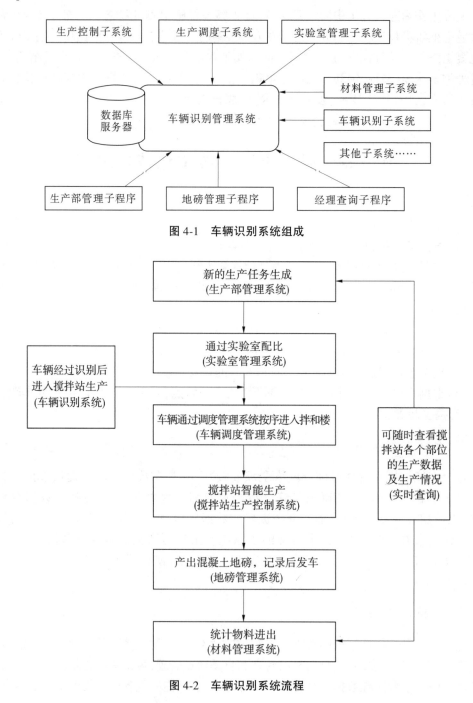

图 4-1　车辆识别系统组成

图 4-2　车辆识别系统流程

拉料车辆到达搅拌站,司机根据指示灯的情况,进入车辆识别区域,进行车辆自动识别。车辆自动识别调度微机根据两个搅拌站等料车辆队列情况,合理选择进口车辆要进入的队列,发出命令打开进入相应车道的指示信号,同时关闭识别指示灯,防止下一辆车误入识别系统。在分道岔口设置车道指示器,指示车辆要进入的车道。安装在各个车道的红外车辆感应器把车辆经过的信号传送到生产调度数据管理微机上,车辆自动识别调度微机,等车辆过去后发出命令打开识别区域的交通指示灯,表示可以进行下一辆车的自动识别和生产。同时,车辆自动识别调度微机把分配后的车辆生产队列及时送到两个搅拌站的控制微机中,使搅拌站可以提前生产,提高生产效率。

配有制卡系统,可以方便制卡和改变卡的信息。车辆调度微机送给搅拌站控制微机的队列中含有车辆的各种信息,以便搅拌站操作员在配料时进行核对,同时搅拌站的指示屏也会给拉料司机显示出车号,以便司机核对。系统还有很强的差错报警功能,更加提高了生产过程中的安全性和高效性。

经过车辆识别系统的控制,使得整个搅拌楼的生产系统真正实现了生产管理自动化,在原有的生产基础上,大大提高了拌和系统的生产效率,提高了拌和楼的实际生产量,减少了生产过程中各个环节对人员的投入,减少了各个部门之间、厂家之间的相互沟通以及人为引起的生产错误和失误给整个系统生产带来的生产安全事故。

江西信江航电枢纽项目的拌和站如图4-3所示。

图4-3　拌和站正面

四、智能粉料上灰系统

智能粉料上灰系统由计算机自动管理、智能过磅、自动识别、智能分配罐车上灰仓位的管理系统组成,可以为混凝土搅拌站(楼)解决胶凝材料风送上料过程中经常出现上错灰罐、风送上料过程中不能连续查看料位、料位不准确造成料上多冒灰等问题。该系统采用智能化设计,自动采集连续的胶凝材料料位,自动根据料位情况判断出最合理的"上灰"位置,并能自动启动风机,自动除尘。该系统可以减轻物料管理人员的工作强度,并杜绝人为因素上错灰罐造成的质量事故;智能指导司机往正确的灰罐仓位上料,及时反馈和预警司机操作失误造成的质量事故和环境污染。

智能粉料上灰系统流程见图4-4。罐车依次排队进行过磅称重,过磅员给出材料类型,智能上灰系统根据材料类型和地磅重量,并结合智能料位系统的料位检测,通过算法处理自动分配出上料位置。根据电脑显示物料料位,分配合适的仓位。司机驾车进入搅拌站上灰口处,根据上灰口亮起的仓位指示灯,便能很清楚地知道本次要上灰的位置,然后打开防错管夹,将罐车软管对接上灰管口。当对接好上灰管口时,上灰口限位动作,仓位指示灯熄灭,司机可以开始上灰,同时管口对接成功的信号也反馈给智能上灰系统,系统现场根据反馈信号,可以进行下一车管理操作。整个上灰过程中,系统智能判断是否进行环保除尘设备的启停和关闭,并可以实时进行预警和手动干预操作,来实现整个系统的高效和平滑运行。智能粉料上灰系统主界面如图4-5所示。料位监测主界面可直观地显示各仓位的余料,如图4-6所示。

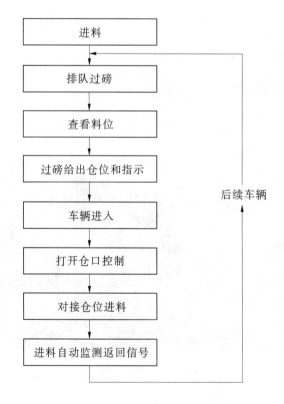

图 4-4　智能粉料上灰系统流程

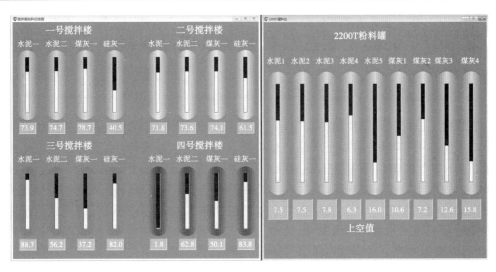

图 4-5　智能粉料上灰系统主界面

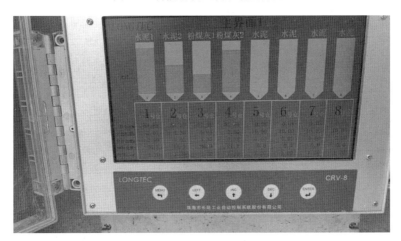

图 4-6　料位监测主界面

第二节　混凝土工艺参数监测及成品混凝土质量预测

一、混凝土生产工艺监控体系

经混凝土原材料质量控制和实验室反复试配优化混凝土拌和物,只要按照规范规定的方式正确施工和养护,混凝土成品质量就不会有问题。而现行《水运工程混凝土施工规范》(JTS 202—2011)等混凝土施工相关规范中之所以对混凝土工程的制备、运输、浇筑及养护都做出比较详细的规定,就是因为如果任何一个环节出现问题,都可能导致混凝土质量出现问题。因此,可建立混凝土生产工艺监控体系,如图 4-7 所示,详尽地将混凝土生产全过程中的工艺参数纳入其中,并确定各工艺参数的监控方式、监控频率和监控结果,使得混凝土生产全过程监控详尽、具体且可操作。

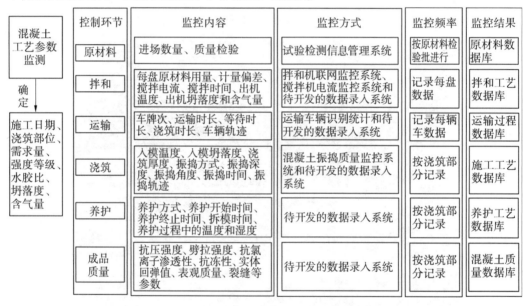

图 4-7　混凝土生产工艺参数监测体系

混凝土生产工艺监控体系主要监控参数如下:
(1)原材料质量参数。
①水泥:安定性、凝结时间、水泥胶砂强度。
②粉煤灰:细度、烧失量、需水量比、三氧化硫含量。
③砂:筛析、堆积密度、含泥量、泥块含量、氯离子含量。
④石:筛析、针片状颗粒含量、含泥量、泥块含量。
⑤拌和水:pH、氯离子含量、硫酸盐含量。
⑥减水剂:密度、减水率、氯离子含量、碱含量。

（2）拌制工艺参数。

①搅拌时间、出机温度、出机坍落度、出机含气量。

②拌和物：稠度、含气量。

（3）运输工艺参数：现场运输时长、现场等待时长、浇筑时长。

（4）浇筑工艺参数：入模温度、入模坍落度、入模含气量、浇筑厚度、振捣方式、振捣深度、振捣角度、振捣时间。

（5）养护工艺参数：养护方式、养护开始时间、养护终止时间、拆模时间、养护过程中的温度。

（6）硬化混凝土质量参数：抗压强度。

二、成品混凝土质量预测模型

理论上，混凝土成品质量参数是包含其原材料、拌和、运输、浇筑及养护各参数的函数。然而，各自变量参数和因变量参数之间并没有明确的解析关系，且各自变量对因变量的影响也并非完全是线性叠加关系，同时，前一步自变量参数对下一步自变量参数亦会造成影响。所以，选择采用数理统计分析手段分析各自变量参数对成品混凝土质量参数的影响及其相关关系，进而拟合出成品混凝土质量预测模型，是较为可行的办法。

多元回归分析用来研究若干个自变量之间与若干个因变量之间的复杂关系，即通过对两个或者两个以上的自变量与一个因变量的数量变化，建立数学模型。其中，一个因变量与多个自变量之间的回归分析称为一对多回归分析，多个因变量与多个自变量之间的回归分析称为多对多回归分析。多元回归分析也可以分为线性回归和非线性回归。多元线性回归模型是一元线性回归模型的扩展，与一元线性回归模型原理相似，只是计算较为复杂。多元线性回归模型的一般形式为：

$$y = b_0 + b_1 x_1 + b_2 x_2 + \cdots + b_k x_k + \varepsilon \tag{4-1}$$

式中　b_0——常数项，表示自变量为零时，y 的估计值。

模型拟合时，如前所述，现有的混凝土质量预测方法因只关注到原材料质量和混凝土拌和物的制备环节，混凝土硬化的质量状况由测试预留的混凝土试块的相关性能得到，而对于混凝土拌和物的运输、浇筑及其凝结硬化后的养护这三个关键因素，似乎较难充分考虑，即其研究成果大多是在实验室环境下得到的，这是现阶段模拟预测方法虽然已列入相关规范，但难以广泛推广应用的原因。

同时，在预测模型的拟合过程中，包括所有自变量参数的模型是极为复杂且不易使用的。本次模型拟合时，回归模型形式上采用与现行拟合方法相同的形式，即在不改变现行混凝土质量检验程序的前提下，选用混凝土拌和物出机坍落度、出机含气量和设计水胶比为预测模型自变量，混凝土硬化后抗压强度（回弹法）为预测模型因变量，研究采用如下多元线性回归模型：

$$f_{cu,e} = b_0 + b_1 (SL) + b_2 (AC) + b_3 (W/C) \tag{4-2}$$

式中　$f_{cu,e}$——构件混凝土强度推定值；

b_0、b_1、b_2、b_3——回归系数；

SL——出机混凝土坍落度；

AC——出机混凝土含气量；

W/C——设计水胶比。

此外，在式(4-2)的基础上，为考虑混凝土拌和物的运输、浇筑及其凝结硬化后的养护对成品混凝土质量的影响，拟将收集到的混凝土生产全过程参数做如下归类处理：

（1）原材料质量参数。

将浇筑于同一工程部位的原材料归类为同一回归样本，如其粗细骨料、胶凝材料、拌和用水和外加剂的质量参数均满足《普通混凝土用砂、石质量及检验方法标准》（JGJ 52—2006）、《通用硅酸盐水泥》（GB 175—2023）、《混凝土用水标准》（JGJ 63—2006）、《混凝土外加剂应用技术规范》（GB 50119—2013）等相关规范的技术要求，则认为该工程部位的原材料质量合格，标记为"√"；若有一项质量参数不满足上述相关规范的技术要求，则认为该工程部位的原材料质量不合格，标记为"×"。

（2）拌制工艺参数。

将浇筑于同一工程部位的原材料拌制的混凝土拌和物归类为同一回归样本，如该拌和物的性能、预留试块强度、预留试块耐久性及拌制工艺的质量/工艺控制参数均满足《普通混凝土拌合物性能试验方法标准》（GB/T 50080—2016）、《混凝土强度检验评定标准》（GB/T 50107—2010）、《普通混凝土长期性能和耐久性能试验方法》（GB/T 50082—2009）及相关施工规范的技术要求，则认为该工程部位的混凝土拌和物的拌制工艺合格，标记为"√"；若有一项质量/工艺控制参数不满足上述相关规范的技术要求，则认为该工程部位的混凝土拌和物的拌制工艺不合格，标记为"×"。

（3）运输工艺参数。

将运输至同一工程部位的拌和物的运输工艺归类为同一回归样本，如其运输工艺控制参数均满足相关施工规范的技术要求，则认为运输至该工程部位的拌和物的运输工艺合格，标记为"√"；若有一项运输工艺控制参数不满足相关施工规范的技术要求，则认为运输至该工程部位的拌和物的运输工艺不合格，标记为"×"。

（4）浇筑工艺参数。

将同一工程部位混凝土拌和物的浇筑工艺归类为同一回归样本，如其浇筑工艺控制参数均满足相关施工规范的技术要求，则认为该工程部位混凝土拌和物的浇筑工艺合格，标记为"√"；若有一项浇筑工艺控制参数不满足相关施工规范的技术要求，则认为该工程部位混凝土拌和物的浇筑工艺不合格，标记为"×"。

（5）养护工艺参数。

将同一工程部位混凝土的养护工艺归类为同一回归样本，如其养护工艺控制参数均满足相关施工规范的技术要求，则认为该工程部位混凝土的养护工艺合格，标记为"√"；若有一项养护工艺控制参数不满足相关施工规范的技术要求，则认为该工程部位混凝土的养护工艺不合格，标记为"×"。

（6）硬化混凝土质量参数。

将同一工程部位的实体硬化混凝土归类为同一回归样本，如其质量参数均满足

《混凝土结构工程施工质量验收规范》(GB 50204—2015)、《混凝土质量控制标准》(GB 50164—2011)等相关规范的技术要求,则认为该工程部位的实体硬化混凝土质量合格,标记为"√";若有一项质量参数不满足上述相关规范的技术要求,则认为该工程部位的实体硬化混凝土质量不合格,标记为"×"。

综上,通过将原材料质量、拌制工艺、运输工艺、浇筑工艺和养护工艺的合格与否进行归类处理,形成 27 种组合,单因素组合见表 4-1,两因素、三因素、四因素和五因素组合分别见表 4-2 ~ 表 4-5。

表 4-1　单因素组合

组合	控制环节				
	原材料	拌和	运输	浇筑	养护
①	√	√	√	√	√
②	√	×	√	√	√
③	√	√	×	√	√
④	√	√	√	×	√
⑤	√	√	√	√	×

注:组合①表示同一工程部位的原材料质量、拌制工艺、运输工艺、浇筑工艺和养护工艺均合格;组合②表示除拌制工艺不合格外,该工程部位的原材料质量、运输工艺、浇筑工艺和养护工艺均合格;其他组合以此类推。

表 4-2　两因素组合

组合	控制环节				
	原材料	拌和	运输	浇筑	养护
⑥	×	×	√	√	√
⑦	×	√	×	√	√
⑧	×	√	√	×	√
⑨	×	√	√	√	×
⑩	√	×	×	√	√
⑪	√	×	√	×	√
⑫	√	×	√	√	×
⑬	√	√	×	×	√
⑭	√	√	×	√	×
⑮	√	√	√	×	×

表 4-3 三因素组合

组合	控制环节				
	原材料	拌和	运输	浇筑	养护
⑯	×	×	×	√	√
⑰	×	×	√	×	√
⑱	×	×	√	×	√
⑲	√	×	×	√	×
⑳	√	×	×	×	√
㉑	√	√	×	×	×

表 4-4 四因素组合

组合	控制环节				
	原材料	拌和	运输	浇筑	养护
㉒	×	×	×	×	√
㉓	×	×	×	√	×
㉔	×	×	√	×	×
㉕	×	√	×	×	×
㉖	√	×	×	×	×

表 4-5 五因素组合

组合	控制环节				
	原材料	拌和	运输	浇筑	养护
㉗	×	×	×	×	×

第三节 基于 BIM 的钢筋下料优化及自动化加工技术研究

一、系统构建

(一)数据库设计

基于 BIM 的钢筋下料优化及自动化加工技术的核心在于钢筋模型信息的全面高效利用,钢筋 BIM 模型中导出的钢筋信息为后续的下料优化提供输入信息,而下料优化后生成的电子料单需要传输到自动化加工设备上进行加工,同时指导切割完成后的半成品的料仓分配。对于钢筋加工全流程的精细化管理需要产生大量的信息,包括出入库、检测、存放、盘点等管理信息,因此迫切需要设计符合现场钢筋加工及管理的云平台数据库,对于各类信息进行高效存储、读取、更新等,并在各个工作流程之间建立接口通信,实现各个信息之间的连通,确保钢筋料单信息、自动化加工和精细化管理等各个功能模块的正常高效运行。

(二)接口设计

数据库部署在云平台服务器,因此接口是数据库和电脑、手机、机械设备通信的唯一途径。为实现各个数据库的高效管理,针对各个功能设计专用的接口命令,实现料单存储、查看、更新、下发、统计等管理功能。

接口设计主要结合钢筋加工、管理的流程或操作设计成一系列接口命令,主要方法是将各个操作中的信息写入 JSON,然后编写相应的 SQL 语句,根据 JSON 的信息来操作相应的数据库进行"增""删""改""查"。

(三)自动化加工设备通信

现有的钢筋加工设备的加工能力和加工精度已经达到很高的水平,基本满足现场钢筋加工的需要,但需要钢筋工人对照打印出来的钢筋下料单,在控制器上手动输入每次的加工长度,极大地影响了加工速率,也带来了人工输入导致的加工错误的风险。

就现有钢筋加工设备的硬件而言,要具备较高的自动化水平,就需要建立电子料单和自动化加工设备之间的通信,针对性地调整优化设备的 PLC 程序,制定相适应的 JSON 通信标准。

(四)自动分拣设备

现有的钢筋加工设备配套的料仓只具备"落料"功能,不具备按照半成品的规格不同而自动分拣功能。这种料仓形式在现有传统钢筋手动加工模式下还没有太大问题。

新研发的成套技术的特点为通过优化算法确定原材料利用率最高的断料方案,因此会频繁出现一根原材料上切割出多种半成品的情况,这对钢筋切断和半成品料仓分拣提出了挑战,依靠人工模式无论在速度上还是准备上都不能胜任该任务,为支撑钢筋下料优化及自动化加工的成套技术的现场实现,需要研发自动分拣设备,最终达到节省原材料与人工的目的。

(五)钢筋加工精细化管理系统

钢筋加工厂每日可加工数十吨钢筋半成品,牵涉到切断、端头处理、弯曲等多个工序之间的流转,因此需要对钢筋半成品的存放位置、数量进行精细化管理,避免出现加工混乱。

同时,钢筋加工厂还涉及原材料入库、原材料检测、半成品存放与出库、余料存放与再次利用、零星领料等具体繁杂的事务,其中会产生大量的钢筋信息。为了实现对钢筋加工的精细化管理,就必须建立云平台管理系统对信息进行及时高效的处理,彻底解决管理混乱、统计困难等难题。

二、工具功能介绍

(一)整体应用流程

基于 BIM 的钢筋下料优化及自动化加工技术整体应用流程如图 4-8 所示。

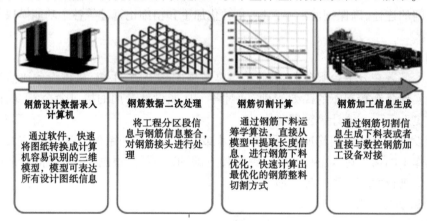

钢筋设计数据录入计算机	钢筋数据二次处理	钢筋切割计算	钢筋加工信息生成
通过软件,快速将图纸转换成计算机容易识别的三维模型,模型可表达所有设计图纸信息	将工程分区段信息与钢筋信息整合,对钢筋接头进行处理	通过钢筋下料运筹学算法,直接从模型中提取长度信息,进行钢筋下料优化,快速计算出最优化的钢筋整料切割方式	通过钢筋切割信息生成下料表或者直接与数控钢筋加工设备对接

图 4-8　整体应用流程

1. 识图

该软件设计理念为:以识图工作为依托,配合识图过程建立钢筋模型,即读懂某种钢筋形状及排布即可快速建立该钢筋模型。在实际工作过程中,钢筋模型的实质为识图过程的"笔记"。钢筋图纸见图 4-9。

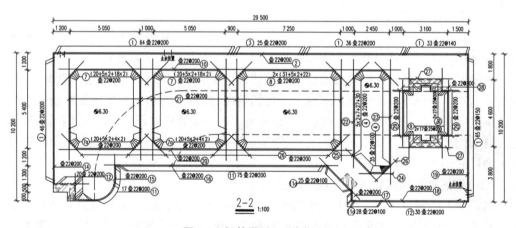

图 4-9　钢筋图纸　(单位:mm)

2. 钢筋翻模

应用钢筋建模插件可快速建立钢筋模型(见图 4-10),并将钢筋模型整合汇总,保存于计算机上。同时,考虑钢筋弯钩、缩尺等。

3. 钢筋实际模型

首先,对主体结构进行施工流水段划分。然后,根据施工流水段,按连接规则快速将长钢筋切割,并设置连接方式。施工流水段划分后对应的钢筋实际模型见图 4-11。

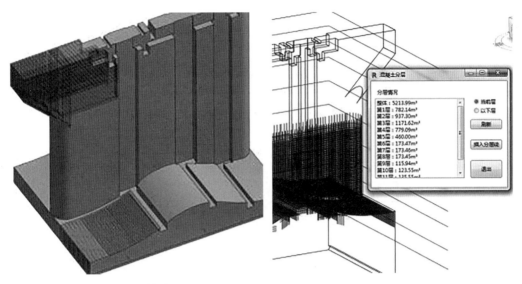

图 4-10　钢筋模型　　　　　　图 4-11　施工流水段划分后对应的钢筋实际模型

4. 钢筋下料计划平衡

根据施工进度计划联合推算钢筋加工计划。整合各施工段的钢筋加工数据,并在一定时间内平衡加工资源配置,进而优化钢筋下料计划。钢筋加工计划优化见图 4-12。

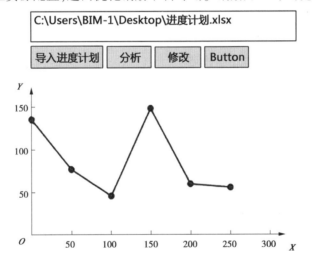

图 4-12　钢筋加工计划优化

5. 钢筋最优化下料方案

应用下料优化算法计算最优化的下料方案。优化算法程序见图 4-13。

6. 钢筋下料信息处理及自动加工

根据钢筋信息生成下料单,并将下料单以科学方式分配至加工设备,直接进行钢筋的加工生产。

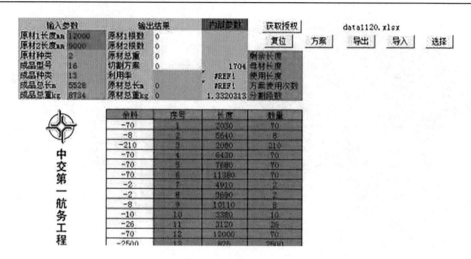

图 4-13　优化算法程序

(二) 功能工具编制思路

1. 钢筋建模

钢筋建模为基于 BIM 的钢筋下料优化及自动化加工技术应用的第一个操作步骤,决定了整个流程的精确程度和效率。通过 Revit 软件的二次开发插件解决。

在本阶段中,钢筋模型并不只是简单的三维展示,而是当作唯一准确的数据库对待。模型中记录包括直径、长度、位置、形状等全部的钢筋信息,并可随时通过计算机读取。钢筋建模的过程为图纸信息录入的过程,即向计算机内输入工程数据,为后续结构优化、下料优化以及数据传输做最初的信息准备。

目前,市面上的钢筋建模软件功能不完善,且一般针对钢筋设计,钢筋准确翻模工作的操作仍比较烦琐。因此,为确保钢筋数据录入的准确性及效率,根据应用特点编制钢筋快速翻模插件。模型内部数据库见图 4-14。

钢筋建模插件大致分为基于面、基于线、基于族、基于边界和自由绘制等方式建立钢筋模型。编制原则为方便操作,但并非基于 CAD 底图,要求建模者在建模之前读懂钢筋图纸,然后根据钢筋编号逐组绘制钢筋。为方便钢筋建模,程序内置了识别圆弧面、不规则形状的空间解析算法,可自动实现复杂表面的钢筋创建。同时,优化保护层设置,通过简单的拾取操作,程序可自动计算每一层钢筋距离混凝土表面的实际距离。而且,程序建立的钢筋长度自动计算为规范允许的最小长度。

因此,整个建模过程为识图和图纸查错的过程。建立的模型为钢筋的实际位置模型。钢筋建模适用情况见图 4-15。

2. 钢筋接头处理

钢筋模型创建完成后,需根据分层浇筑等信息将长钢筋截断。基于此操作编制钢筋接头处理程序。该插件同样基于 Revit 软件二次开发实现。程序可通过简单填写数字自动将钢筋截断,并根据选择的接头方式自动创建截断后的钢筋和套筒等。程序通过根据面切割和根据长度组合切割两种形式实现。完成此操作后,钢筋模型即可与现场完全匹配,数据可直接用于指导生产。钢筋连接处理见图 4-16。

```
--- Element ---
  --- Properties ---
AssemblyInstanceId        < null >
BoundingBox               < BoundingBoxXYZ >
Category                  < Category >
CreatedPhaseId            < Phase    新构造      0 >
DemolishedPhaseId         < null >
DesignOption              < null >
Document                  < Document >
Geometry                  <Geometry.Element>
GroupId                   < null >
Id                        3305379
IsTransient               False
IsValidObject             True
LevelId                   < null >
Location                  < Location >
Name                      16 HRB400 : 形状 01
OwnerViewId               < null >
Parameters                < ParameterSet >
ParametersMap             < ParameterMap >
Pinned                    False
UniqueId                  e8b063fb-1f68-42d3-8d0a-cb4f8116825b-00326fa3
ViewSpecific              False
WorksetId                 < WorksetId >
  --- Methods ---
ArePhasesModifiable       True
CanBeLocked               True
CanHaveAnalyticalModel    False
CanHaveTypeAssigned       True
```

图 4-14　模型内部数据库

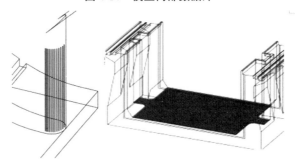

图 4-15　钢筋建模适用情况

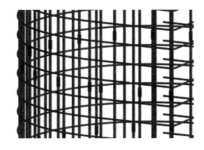

图 4-16　钢筋连接处理

3. 钢筋用料优化算法程序

1）软件功能

钢筋用料优化算法程序为基于 BIM 的钢筋下料优化及自动化加工技术的核心算法，为钢筋下料组合方式的优化算法。通过科学的计算，得出钢筋下料的理论最优化方案，使得钢筋切割过程中的浪费最少。该算法由运筹学下料优化基本例题引出，在此基础上结合钢筋下料方式的特点，工程前期做了大量的数学研究工作。

为保证实用性，该算法由 Excel 软件 VBA 编制，使用人员可轻松上手，快速计算最优钢筋用料。

2）优化算法简介

以一个泄水闸墩为例。其 φ 16 号钢筋组成如表 4-6 所示。原材料长度有 9 m 和 12 m 两种，如何下料才能最优，令使用的原材料长度最短？

表 4-6　φ 16 号钢筋组成

成品长度/mm	3 900	7 100	1 250	2 300	4 300	3 880	2 250	1 320	1 610	1 510	1 650	1 358	3 800
需求数量/根	315	26	1 152	20	7	52	82	214	214	214	106	26	7

通过简单统计可得，成品种类 13 种，成品数量总计 2 435 根，成品总长 36 228 m，重量 7.12 t。如果采用手工排布下料，显然难度大，钢筋利用率低。

如果采用列表法，每种组合方案都写下来，数量太多。通过计算，用 12 m 原材下料有 44 080 个组合方案，用 9 m 原材下料有 25 290 个组合方案，所有的下料方法是共 69 370 个方案做排列组合，约为

$$\sum_{i=1}^{10} \text{combin}(M + N, i) \sim 7.11\xi 10^{41} \tag{4-3}$$

如果遍历每种方案的钢筋使用长度，最后再比较出最节约方案。即使采用天河二号，以其每秒 5.5×10^{16} 次的双精度浮点运算速度，还需要运行计算几十年，这显然是无法实现的。这也是困扰数学界的七大难题之一——Non-deterministic Polynomial（NP）多项式复杂程度的非确定性问题，如果采用穷举法找到答案，计算的时间随问题的复杂程度呈指数增长，很快便变得不可计算了。

解决这类问题的常用算法有近邻法、插入法、模拟退火算法、遗传算法、神经网络算法、决策树算法等。

最初采用的是近邻法，在成品种类较少、数量也较少的情况下，效果很好，可以在 30 s 内求出近似 99% 以上利用率的解，但成品数量超过 300 个或成品种类超过 10 种以后，经常出现 95% 的次优解。近邻法见图 4-17。

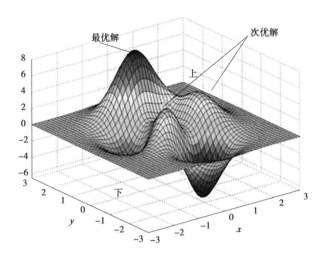

图 4-17　近邻法

后来,为了突破成品种类限制,采用遗传算法,遗传算法可以通过将成品长度定义为基因,引入变异等随机参数来解决该问题,但遗传算法有个劣势,就是为了获得较好的结果,需要经过多代的进化,计算时间还是太长,需要 30 min 左右,且容易陷入局部最优。

最后,应用了决策树算法,在经过反复调试其中几个内部参数后,在获得最优解的概率极小时进行快速剪枝,平衡计算量和获得最优解概率,最终实现 60 s 内得出在一定误差范围内的最优解。

4. 统计及料单生成

统计及料单生成功能主要实现了钢筋的详细工程量统计、料单生成等工作,并实现与钢筋用料优化计算程序功能的无缝数据衔接,可应对多作业面的钢筋统一加工。该程序着重考虑实用性,可实现钢筋工程量统计、加工动作统计、按分区筛选等功能,通过 Revit 二次开发实现。料单输出结果可为人读和机读两种模式。不同部位钢筋统一加工界面见图 4-18,快速筛选指定层数的钢筋见图 4-19。一个标准的钢筋加工数据格式见图 4-20。

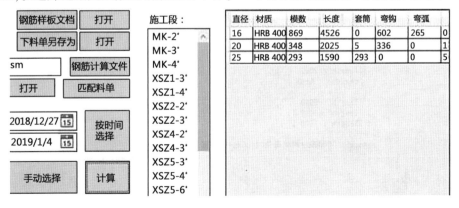

图 4-18　不同部位钢筋统一加工界面

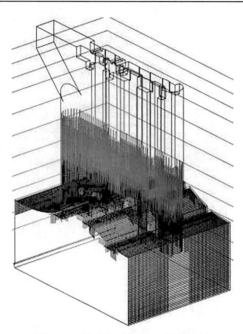

图 4-19　快速筛选指定层数的钢筋

```
{
  "id": "04c31232-dbeb-4ab9-a168-ff05e8d2cc5c",
  "name": "左道/12~18#桩",
  "groups": [
    {
      "spec": "HRB400",
      "diameter": 25,
      "type": "cutting",
      "rebars": [
        {
          "id": "1",
          "length": 12000,
          "quantity": 20,
          "cuttings": [
            { "length": 4000 },
            { "length": 4000 },
            { "length": 3000 },
            { "length": 1000 }
          ],
          "remark": "4000mm*30根直条,4000mm*10根弯曲,3000mm*20根直条,1000mm*20根弯曲"
        },
        {
          "id": "2",
          "length": 12000,
          "quantity": 12,
          "cuttings": [
            {
              "length": 200,
              "residue": true
            },
            { "length": 5000 },
            { "length": 5000 },
            { "length": 1800 }
          ],
          "remark": "5000mm*24根直条,1800mm*12根直条"
        }
      ]
    },
    ...
  ]
}
```

图 4-20　一个标准的钢筋加工数据格式

5. 钢筋数据上传与自动加工

钢筋数据上传与自动加工主要实现了钢筋加工自动上传至云平台,以及任务下发至机械设备等功能,操作简便,可一键上传、一键撤回。机械设备操作者仅需点击"获取任务"按钮,加工数据即可,较大程度地保障了钢筋加工质量并减少操作步骤。

三、总体用时分析

以泄水闸墩为例,完成所有钢筋建模约用 4 h,完成所有接头处理约用 1 h。由于该泄水闸墩钢筋可复制,据此推测此工程全部钢筋模型处理完成约需 10~15 d。

同时,下料优化时间大约 2 min,最终料单生成的时间约为 50 s,据此推测:类似体量(1.8 万 t)工程的钢筋,从建模到下料单生成工作大约可在半个月内全部完成。因此,可在工程前期掌控所有钢筋用料。

四、操作方式

(一)快速钢筋建模

1. 钢筋基本参数配置

使用本钢筋快速建模插件系统之前,应保证主体结构模型的准确性,避免钢筋模型创建过程中出现错误。

1)设置图名、钢筋直径等基本信息

图纸名默认为"TZ-",建议开始创建钢筋模型前在软件全局参数中对图纸名、钢筋直径、钢筋型号进行预设。基本参数设置界面见图 4-21。

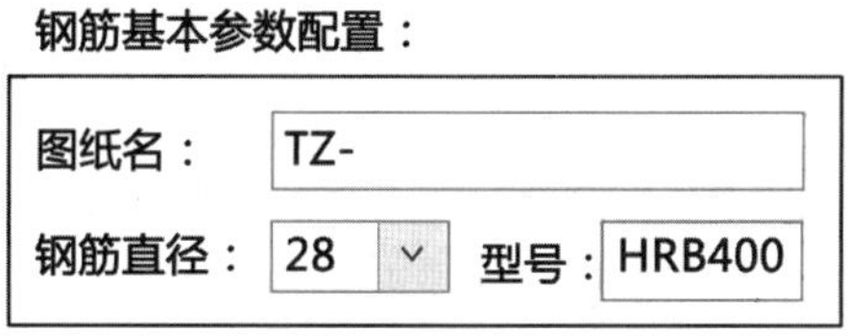

钢筋基本参数配置:

图纸名:	TZ-
钢筋直径:	28 ∨　型号: HRB400

图 4-21　基本参数设置界面

2)选择钢筋类型、钢筋排布方式

默认钢筋类型为"GJ-1",用户根据需求选择对应钢筋类型,默认钢筋排布方式为"@200",用户可自行更改。选择类型和排布形式界面见图 4-22。

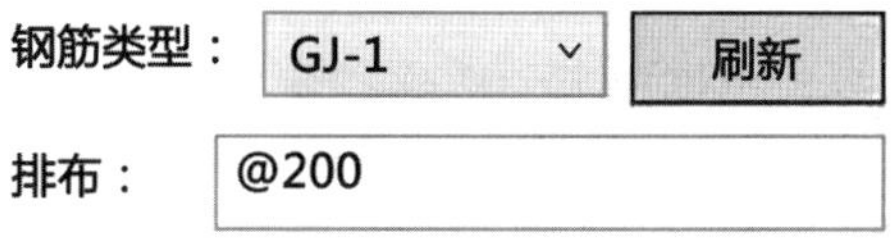

钢筋类型:	GJ-1 ∨	刷新
排布:	@200	

图 4-22　选择类型和排布形式界面

3)钢筋结构参数配置

用户根据需要可对钢筋结构参数进行配置,对于主体结构边、线的角度、长度可进行"一键式计算",辅助某种钢筋结构参数的配置。结构参数设置界面见图 4-23。

4)设置保护层

设计图纸对于保护层的要求即为设计保护层;首根为奇,可手动为钢筋赋予奇偶性,

钢筋结构参数配置：

参数名称	计算公式	主参数	
zl1	默认	☑	
r	14.0	☐	

测量角度	测量长度	减去半径

图 4-23　结构参数设置界面

勾选后即创建的第一根钢筋为奇，反之第一根钢筋为偶；端头保护层为钢筋排布方向所在面的法向量方向、钢筋两端的保护层（钢筋外皮到结构外表面距离）；排列边距分别为钢筋排布方向上首、末根钢筋轴线距离两侧结构外表面或两侧钢筋轴线的距离。用户根据实际情况对以上信息进行设置，初次设置后各数值可随钢筋直径的改变自动计算，绘制第二层钢筋时可利用鼠标左键点击"前一层"按钮后选择一根第一层钢筋以自动得出第二层钢筋的保护层数据。保护层设置界面见图 4-24。

图 4-24　保护层设置界面

2. 钢筋模型创建

1）创建界限模式

创建界限就是利用上下界限确定的范围来创建钢筋模型，适用于创建钢筋模型的基准面不规整或存在复杂钢筋尺寸渐变的情况。

确认钢筋类型等钢筋基本参数正确后，点击"选择基面"按钮。选择基面见图 4-25。

软件左下角提示"选择一个面"，点击主体结构的一个面确定创建钢筋模型的基准面。选择面提示见图 4-26。

点击"创建界限"按钮（见图 4-27）。

根据软件左下角提示点击基准面上一条或多条连续的边作为上限，每点击一条边则出现一条辅助线，点击与基准面上任意两条不共面的边来确认上限（见图 4-28），下限选择是一样的操作，完成界限创建。

已选择的上、下限信息会在图中方框区域显示（见图 4-29）。

点击按钮"线"（辅助线）或"边"（基准面上一条边）来作为第一根钢筋的参考基准。

第一根钢筋生成后在"第一根钢筋"下方方框内出现相应显示（见图 4-30）。

点击"生成"按钮即完成界限范围内的钢筋创建。点击"转换钢筋族"按钮，转换模型为结构钢筋（或点击"选择钢筋族"按钮，选择待转换钢筋族，点击软件左上角"完成"按钮后点击"转换钢筋族"按钮）。

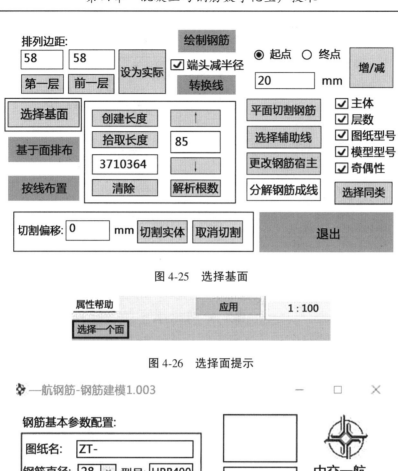

图 4-25　选择基面

图 4-26　选择面提示

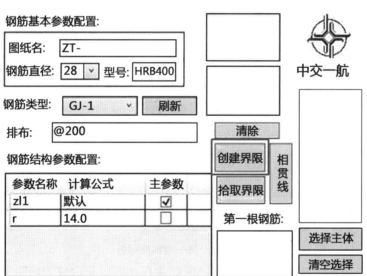

图 4-27　创建界限

图 4-28　创建界限提示

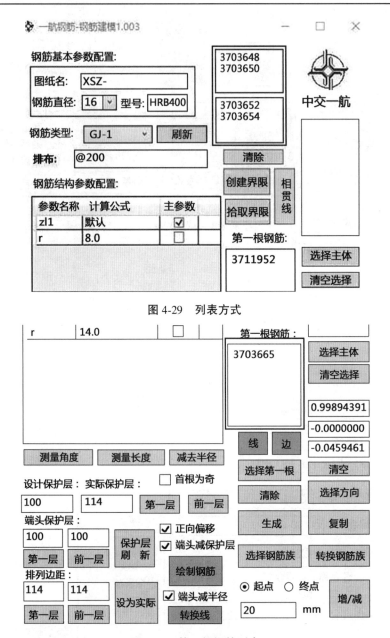

图 4-29 列表方式

图 4-30 第一根钢筋列表

　　如果发生二次操作(重新规划界限),也就是存在可以获取成为界限的辅助线,基准面没有改变的情况下点击"拾取界限"按钮,软件左下角一样提示选择上限。

　　拾取所需上限后点击软件左上角的"完成"按钮,相同操作选择下限,完成界限拾取,后续操作相同(见图 4-31)。

　　2)基于面排布模式

　　基于面排布是根据基准面的范围创建钢筋模型,适用于相对规整的基准面的情况(如梁、板、柱),实现快速完成基准面范围内钢筋模型创建。

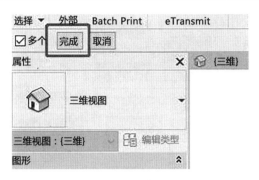

图 4-31 "完成"按钮

确认钢筋类型等钢筋基本参数正确后,点击"选择基面"按钮,确定创建钢筋模型的基准面。点击"创建长度"按钮(见图 4-32)。

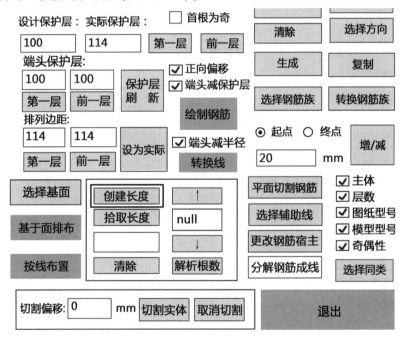

图 4-32 "创建长度"按钮

软件左下角提示"选择一条边",点击满足钢筋步数的一条边,出现辅助线,此时"拾取长度"按钮下方方框出现相应显示,同时旁边方框内出现数字,为钢筋目前步数(见图 4-33)。

若此次钢筋步数需要调整,可点击辅助线,在基准面范围内自定义钢筋步数,重新修改后,点击"拾取长度"按钮拾取辅助线,上述"拾取长度"按钮旁边方框内的数字自动变化,方框上下分别有一个向上向下的箭头,用于钢筋步数微调,点击"↑"按钮加一根钢筋,点击"↓"按钮减一根钢筋。

确定钢筋步数后点击"基于面排布"按钮。

软件左下角提示"选择起始边",点击垂直于钢筋排布方向的一条边,将其作为起始参考基准,一键完成基于面的钢筋排布。点击"转换钢筋族"按钮,转换模型为结构钢筋

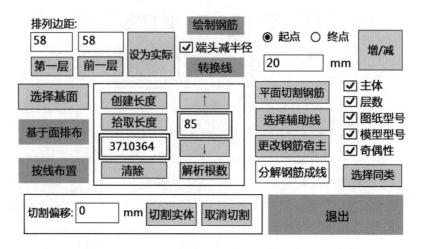

图 4-33　长度和分布信息

（或点击"选择钢筋族"按钮，选择待转换钢筋族，点击软件左上角"完成"按钮后点击"转换钢筋族"按钮）。

3）按线布置模式

按线布置的原理是钢筋基于创建的辅助线排布，钢筋长度自定义或者通过测量功能得出，建模过程中钢筋长度不可以自动变化，适用于排布方式简单、钢筋类型需求单一的情况。

确认钢筋类型等钢筋基本参数正确后，在钢筋长度计算公式中原有的"默认"位置输入长度值或使用测量功能得出，点击"选择基面"按钮，确定创建钢筋模型的基准面。

点击"创建长度"按钮，软件左下角提示"选择一条边"，点击满足钢筋步数的一条边，出现辅助线，此时"拾取长度"按钮下方方框出现相应显示，同时旁边方框内出现数字，为钢筋目前步数。若此次钢筋步数需要调整，可点击辅助线，改变长度自定义钢筋步数，重新修改后，点击"拾取长度"按钮拾取辅助线，上述"拾取长度"按钮旁边方框内的数字自动变化，方框上下分别有一个向上向下的箭头，用于钢筋步数微调，点击"↑"按钮加一根钢筋，点击"↓"按钮减一根钢筋。

确定钢筋步数后点击"按线布置"按钮，完成按线布置钢筋模型。点击"转换钢筋族"按钮，转换模型为结构钢筋（或点击"选择钢筋族"按钮，选择待转换钢筋族，点击软件左上角"完成"按钮后点击"转换钢筋族"按钮）。

钢筋间距发生变化时点击"按边布置"可指定钢筋排布的起点，保证钢筋排布的准确性。

4）自定义绘制钢筋模式

自定义绘制钢筋，顾名思义，就是自行"画"出需要的钢筋模型，绘制出的模型即为结构钢筋，无须转换操作，这种模式比较自由，适合相对复杂的钢筋排布情况。

点击"绘制钢筋"按钮，软件左下角提示"选择一个面"，点击可以绘制出所需钢筋形状的面（区别于钢筋排布的基准面），见图4-34。

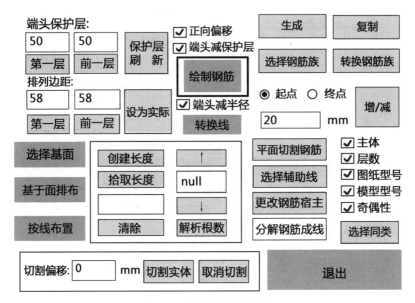

图 4-34　"绘制钢筋"按钮

此时软件左下角提示"选择偏移的边线",根据钢筋类型需要连续点击所选面上的边,出现辅助线,点击与所选面上任意两条不共面的边来确认选择完成,将辅助线修改处理为所需尺寸并处于闭合的状态,如图 4-35 所示。

图 4-35　绘制钢筋提示

点击"转换线"按钮,选取所有需要的线,点击软件左上角"完成"按钮,一根钢筋模型绘制完成,第一根钢筋下方方框有相应显示。

点击"选择基面"按钮,确定创建钢筋模型的基准面。点击"选择方向"按钮在模型中完成钢筋排布方向选择,"清空"按钮上方三个方框内数字代表方向的向量 X、Y、Z,选择方向后有相应显示,点击"创建长度"按钮,软件左下角提示"选择一条边",点击满足钢筋步数的一条边,出现辅助线,此时"拾取长度"按钮下方方框出现相应显示,同时旁边方框内出现数字,为钢筋目前步数。若此次钢筋步数需要调整,点击"↑"按钮加一根钢筋,点击"↓"按钮减一根钢筋。偏移向量见图 4-36。

确定钢筋步数后点击"复制"按钮,完成绘制钢筋。

3. 其他功能

1) 选择主体

点击"选择主体"按钮,选择主体结构模型,已完成的所有钢筋模型都会在上方的方框中以"图纸名"为名称显示出来,点击即可完成对该名称钢筋模型的全部选中操作。钢筋列表见图 4-37。

点击"清空选择"按钮,则选择主体操作失效。

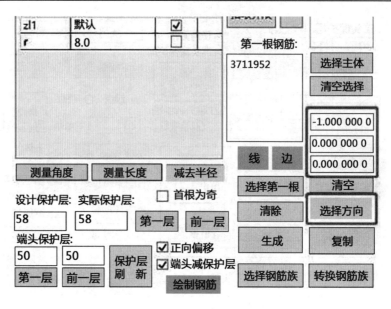

图 4-36　偏移向量

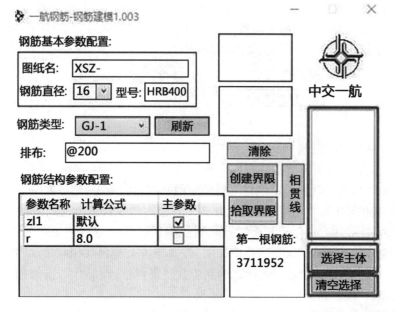

图 4-37　钢筋列表

2)平面切割钢筋

可根据需要利用边、线、平面对钢筋主体和钢筋自定义切割,解决钢筋遇孔洞、止水等问题。"平面切割"按钮见图 4-38。

3)一键式选择

可对绘制钢筋过程中创建的辅助线进行"一键式选择",点击"选择辅助线"按钮选择需要清理的辅助线,点击左上角的"完成"按钮,完成辅助线清除。

以主体、层数、图纸型号、模型型号、奇偶性等为参照标准,点击"选择同类"按钮即可

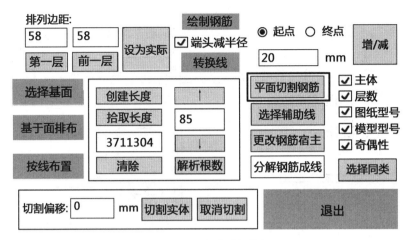

图 4-38　"平面切割"按钮

选中全部对应属性相同的钢筋。

4）更改钢筋宿主

对于存在标准段以及异型段的主体结构，在异型段主体钢筋建模时，点击"更改钢筋宿主"，可对标准段中无须更改的钢筋进行更改宿主操作，大量节省建模时间。

5）切割实体

当无法直接获取钢筋排布需要的基准面时，可以使用切割实体功能，点击"切割实体"按钮，选择要操作的主体结构，选择利用点、线、面、法向量等方式点击方向后对实体进行切割，在"切割偏移"中输入数值可实现对主体切割的相应尺寸偏移，同样适用于"平面切割钢筋"。点击"取消切割"按钮，此次切割操作失效。

（二）钢筋出单

1. 钢筋形状校验

1）选择主体

点击"手动选择"按钮，选择主体结构，如图 4-39 所示。

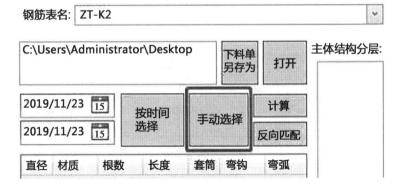

图 4-39　"手动选择"按钮

主体结构钢筋模型分层信息会自动在"主体结构分层"下方显示。

点击"第 1 层"，所有属于该分层的钢筋都会被选中。

2）形状校验

为保证钢筋下料过程无误，在初始阶段需要对钢筋形状进行校验，与钢筋库进行自动比较。

在需下料钢筋选中的情况下，点击"形状校验"按钮，如图4-40所示。

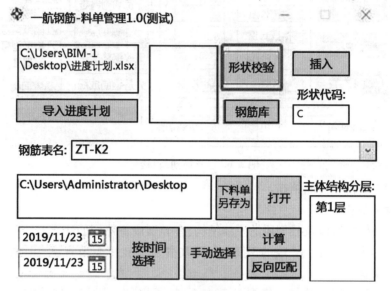

图4-40　"形状校验"按钮

经过比对，如有与钢筋库中钢筋形状不符的钢筋，会在"形状校验"按钮左侧方框内显示。用户在钢筋库中自行添加该钢筋形状即可。

2. 钢筋下料数据计算

1）钢筋分类

点击"计算"按钮，如图4-39所示。

下方自动显示出各种直径钢筋的信息，包括钢筋的直径、材质、根数、长度、套筒、弯钩、弯弧等，如图4-41所示。

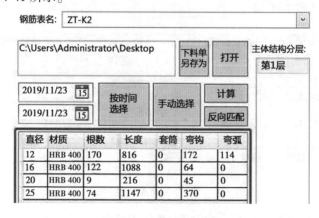

图4-41　钢筋信息列表

点击如图 4-42 所示的"数据转换"按钮,生成钢筋的核对清单,即 Excel 形式的钢筋信息清单。

图 4-42　"数据转换"按钮

2)下料计算过程

选中一种形式的钢筋,如图 4-43 所示。

直径	材质	根数	长度	套筒	弯钩	弯弧
12	HRB 400	170	816	0	172	114
16	HRB 400	122	1088	0	64	0
20	HRB 400	9	216	0	45	0
25	HRB 400	74	1147	0	370	0

数据转换	匹配料单	料仓分配

图 4-43　钢筋信息详情

点击"写入数据"按钮,如图 4-44 所示。

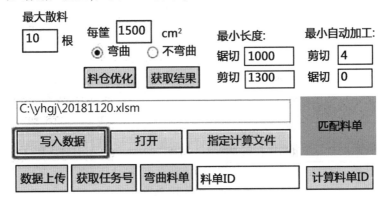

图 4-44　"写入数据"按钮

界面转到 Excel 计算文件中,依次点击界面内"复位""方案""导出"按钮。

打开 MATLAB 软件显示优化计算界面。点击"运行"按钮,开始计算。

提示成功后,返回 Excel 界面,依次点击"导入""选择""出单"按钮,出现初步钢筋断料信息,如图 4-45 所示。

原材长度一:12 000/30根
原材长度二:9 000/26根
出单时间:2019/10/6 22:39

工作单

原材利用率:99.78
方案数(种):10
原材总数(根):50

序号	重复次数	形式	成品数	剩余长度
#1	5	4 000×3	3	0
#2	1	2 200×5+236×4	9	56
#3	12	11 980×1	1	20
#4	12	11 960×1	1	40
#5	6	3 000×3	3	0
#6	3	4 000×1+1 200×2+2 600×1	4	0
#7	7	1 200×2+2 200×3	5	0
#8	1	1 200×2+2 200×3	5	0
#9	7	1 200×1+2 600×3	4	0
#10	2	2 600×3+236×5	8	20

图 4-45　临时切割料单

保存后关闭 Excel,返回插件,点击"匹配料单"按钮,将切割信息指定到料单中。

其他形式的钢筋计算过程相同。待所有形式钢筋匹配料单完成后,钢筋下料方案计算完成。

(三)料单生成

点击"料仓分配"按钮,为半成品钢筋指定存放料仓。

设置锯切、剪切自动加工与人工辅助加工参数,大批量钢筋使用自动加工,同一尺寸钢筋数量较少时采用人工辅助模式完成加工,使钢筋加工综合功效达到最高,分别形成自动加工与辅助加工两份下料单据,即"锯切Ⅰ""锯切Ⅱ""剪切Ⅰ""剪切Ⅱ"。

点击"计算料单 ID"按钮为料单指定编号,如图 4-46 所示。

图 4-46　料单 ID 处理

点击"切割料单"按钮,形成锯切和剪切的下料单以及"机读数据",所谓机读就是自动加工设备可读取的数据,如图 4-47 所示。

图 4-47 切割料单生成

点击"数据上传"按钮,将数据上传至云平台,下发至钢筋加工中心自动化加工设备。

点击"查询网络料单"按钮即可查询指定日期上传至云平台的料单情况,如图 4-48 所示。

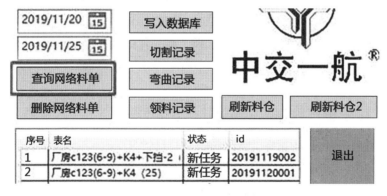

图 4-48 查询网络料单

选中一份料单,点击"获取任务号"按钮为加工任务指定唯一任务号,钢筋加工队伍只需在自动化加工设备上输入相应任务号即可获取任务号,完成加工,如图 4-49 所示。

点击"弯曲料单"按钮生成弯曲钢筋的信息清单并完成半成品钢筋的料仓分配,至此钢筋料单生成,如图 4-50 所示。

五、优势分析

(一) 模型优势

现在市面上针对非平法标注的钢筋管理软件还未大规模采用建模方式处理钢筋数据。以模型为数据库基础的钢筋信息录入方式具备以下优势:

(1)可批量生成,速度方面更有优势。

图 4-49 获取任务号

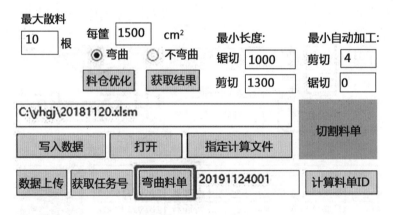

图 4-50 弯曲料单生成

（2）表达方式更加直观,更容易发现数据的错误。

（3）模型信息机读性更强,可直接输出机读和人读信息。

（4）模型可以为不同用途需要提供数据,建立一份数据可以实现多种用途。

（二）算法优势

此技术钢筋优化算法采用决策树算法,相比较其他计算方式更加精准高效,如图 4-51 所示。可实现在 60 s 内得出在一定误差范围内的最优解。

市面上某软件可能采用近邻法计算,在钢筋种类较多的情况下容易产生较多的半成品余料。

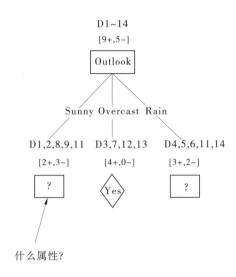

图4-51　决策树算法

(三)整体把控优势

通过模型建立项目钢筋整体数据库,可在项目前期获得精细的宏观数据。可为钢筋设备选型、协作队伍洽谈以及场地布设等方面提供基础数据,方便项目决策。

(四)自主优势

基于BIM的钢筋下料优化及自动化加工软件工具由中交第一航务工程局有限公司(简称中交一航局)自主开发,对于特殊项目可实现定制化使用,提高技术的适用性。同时,可根据项目实际情况和生产的实际需求不断完善程序。

六、适用工程

基于BIM的钢筋下料优化及自动化加工软件适用工程范围较广:

(1)钢筋下料优化算法可适用于绝大多数应用定尺钢筋的工程。

(2)钢筋建模系列插件,可应用于大部分工程的钢筋布置。

(3)由于主要针对非平法标注类图纸设计,对工民建类项目的支持程度可能较低。

(4)对于钢筋结构复杂的项目具有较大优势。

(5)对于预制场等具备固定钢筋加工车间的项目可发挥更大价值。

第四节　本章小结

(1)信江智慧拌和站管理平台将拌和站数据串联高效利用,打通了物料验收、料仓引导、存量管理、混凝土生产、混凝土调度等各关键环节数据孤岛,为混凝土拌和站智慧化管理赋能,有效解决了传统混凝土拌和站生产管理、物料验收发料管理难度大、数据孤岛现象严重等痛点、难点问题,为持续稳定提供高品质混凝土提供保障。

（2）基于 BIM 的钢筋下料优化及自动化加工与管理系统可实现从钢筋识图到半成品领料的全部智能化操作。其中，钢筋翻样工作较常规操作用时更短、质量更高。同时，对于钢筋下料，可实现最优化的配比方案，较传统方式可提升 2%～4% 的钢筋利用率，直接节约钢筋原材成本。设备控制方面实现了钢筋加工车间的整体数据联动，并研发了配套设备，有利于最优方案的落地生效，并能够有效降低人员使用数量，对加工成本、质量、效率提供有效保证，为工程中的下料钢筋生产提供了一条新途径。

第五章 船闸及泄水闸结构数字化施工技术

江西信江八字嘴航电枢纽工程为枯期围堰,汛期需拆除围堰过水度汛,且混凝土体量大,为大体积混凝土施工,工期紧张,项目定位高。为实现绿色智慧科技示范工程和品质工程的目标,通过分析重难点及项目特点,对关键施工部位进行工艺创新,旨在提高施工质量、优化工艺、提高施工安全性、保证工期等。

泄水闸是枢纽关键结构部位,起泄水防洪的作用,主要由驼峰溢流面结构、闸墩及悬挑结构、上部启闭机房结构、金属结构(闸门)组成,共 30 孔。溢流面采用开敞式驼峰堰 a 型形式,分别由 $R = 6.5$ m,$R_1 = 15.6$ m 和 $R_2 = 15.6$ m 三段圆弧组成。堰顶高程 9.0 m,闸孔净宽 14 m,闸墩净高 20.6 m,其中悬挑结构从 19 m 高程起坡,坡比 1:1,悬挑 5 m,至 24 m 高程止,24 m 高程以上 3 m 为直线段,牛腿顶标高为 27 m。上部启闭机房为柱体支撑顶部房建结构形式。基于以上结构信息,从解决多弧段溢流面成型难、闸墩悬挑安全风险高、上部平台梁板施工支撑体系受限等难题出发进行技术研究,形成安全可行、质量可控的泄水闸结构施工关键技术。

船闸出水段结构位于上闸首下游侧,结构尺寸:为实体混凝土结构,上下游方向长度为 20 m,内部设置上、中、下三层空腔结构,空腔高度分别为 4 m、8.3 m、7.5 m(自下而上),每层之间间距 1.5 m,空腔为密闭结构,内部填充砂卵砾石,最大结构尺寸为 7.1 m×5.98 m,最小结构尺寸为 2 m×5 m。空腔结构较多,且为密闭结构,严重增加了施工工序,且每层空腔结构尺寸不一致,导致模板通用性较低,增大模板投入。因此,拟从提高施工安全性、有利于施工、缩短工期等方面进行技术优化。泄水闸闸墩 BIM 模型见图 5-1。

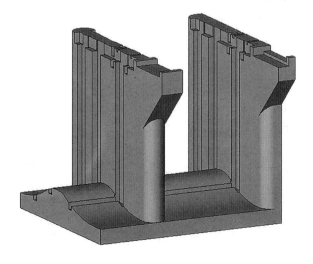

图 5-1 泄水闸闸墩 BIM 模型

第一节　超大体积换填混凝土施工技术研究

一、换填混凝土分层分块设计

(一)分层厚度与间隔时间

在超大体积换填混凝土施工中,分层厚度和间隔时间对防止裂缝产生具有重要影响。根据相关研究和工程实践,适宜的分层厚度为 0.5~1.0 m,间隔时间为 4~12 h。同时,应考虑混凝土初凝时间和终凝时间等因素。

(二)分块尺寸与布置

分块设计有助于减少温度裂缝的产生。根据工程需要和场地条件,可采用规则或不规则的分块方式。分块尺寸应根据结构形式、地基条件、温控要求等因素综合考虑。同时,布置应合理,避免形成应力集中。主体分层分块设计见图 5-2。

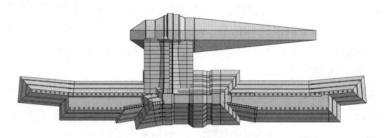

图 5-2　主体分层分块设计

本工程超大体积混凝土总方量为 58.8 万 m³,共包含浇筑段 1 630 余段,应用 BIM 技术结合模板设计辅助解决混凝土分层、分块浇筑的优化、仓面设计、多浇筑面资源调配等涉及混凝土浇筑精细化管理问题的成套技术,使浇筑方案设计最优化,确保混凝土施工过程的合理性与经济性,并保证施工过程顺畅。施工具体步骤见图 5-3。船闸分层、分块浇筑设计见图 5-4。

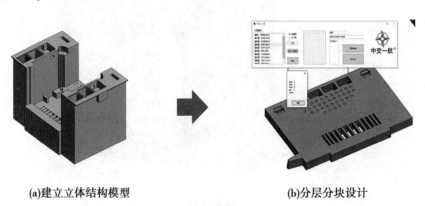

(a)建立立体结构模型　　　　　　　　(b)分层分块设计

图 5-3　施工具体步骤

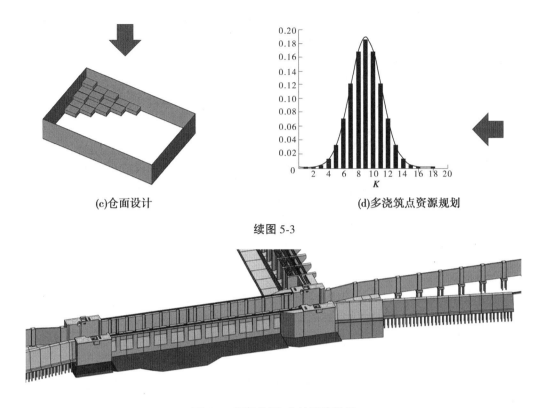

(c)仓面设计   (d)多浇筑点资源规划

续图 5-3

图 5-4 船闸分层、分块浇筑设计

二、结合面构造与处理技术

(一)施工缝处理

施工缝是超大体积换填混凝土施工中的薄弱环节,易产生裂缝。因此,应采取有效措施处理施工缝。可采用凹凸槽、企口缝等构造措施增加结合面摩擦力,提高结合面抗剪能力。同时,在施工缝处增设止水带等防水措施。

(二)界面剂应用

在超大体积换填混凝土施工中,界面剂可以改善新旧混凝土之间的黏结性能,提高整体性。常用的界面剂有丙烯酸乳液、聚合物乳液等。使用时应注意界面剂的渗透性和强度。

(三)特殊结合面构造设计

对于特殊结构或场地条件,需进行特殊结合面构造设计。例如,在厚大基础中可采用台阶形结合面;对地下室底板可采用后浇带、膨胀带等措施。同时,应根据工程实际情况进行构造设计。

三、材料与配合比优化

(一)水泥品种与等级选择

水泥品种和等级对超大体积换填混凝土的强度、耐久性和裂缝产生有重要影响。应根据工程要求、场地条件等因素选择合适的水泥品种和等级。一般宜选用低水化热、高强度等级的水泥。

（二）骨料选择与级配设计

骨料是超大体积换填混凝土的重要组成部分，对强度、耐久性和经济性具有重要影响。应选择优质骨料，并进行级配设计，确保良好的工作性和强度。同时，应注意控制骨料的含泥量和粒径。

（三）外加剂与掺合料应用

外加剂和掺合料可以改善超大体积换填混凝土的性能。常用的外加剂有减水剂、缓凝剂等，常用的掺合料有粉煤灰、矿渣粉等。应根据工程需要和配合比要求选择合适的外加剂和掺合料，并控制用量。

四、施工工艺与质量控制

（一）浇筑方法与顺序

在超大体积换填混凝土施工中，应采用合理的浇筑方法与顺序。一般宜采用分层浇筑法，根据分块设计要求确定浇筑厚度和浇筑顺序。同时，应注意控制浇筑速度，避免混凝土产生堆积现象。

（二）振捣方式与时间

振捣是保证超大体积换填混凝土密实性的关键环节。应根据工程需要选择合适的振捣方式（如插入式振捣器、表面振捣器等）和振捣时间。同时，应注意避免过振或漏振现象的发生。

第二节　卵石粗骨料抗冲耐磨混凝土施工技术研究

随着建筑工程的不断发展，混凝土作为主要的建筑材料之一，其性能和使用寿命越来越受到关注。卵石粗骨料抗冲耐磨混凝土是一种具有优良性能的混凝土，具有高强度、高耐磨性、高耐久性等特点，适用于桥梁、道路、码头等承受大量冲击和磨损的工程。本书主要探讨卵石粗骨料抗冲耐磨混凝土的施工技术，以期为相关工程提供参考。

一、原材料选择与试验

卵石粗骨料抗冲耐磨混凝土的原材料主要包括卵石粗骨料、水泥、砂、外加剂等。原材料的选择对混凝土的性能有着重要影响，因此应选择符合要求的原材料。试验中应进行原材料的物理和化学性质检测，以确保其质量稳定且符合设计要求。

二、配合比优化

配合比是影响卵石粗骨料抗冲耐磨混凝土性能的关键因素之一。通过试验和计算，对配合比进行优化，以获得最佳的性能指标。配合比优化过程中应考虑混凝土的抗压强度、耐磨性能、流动性和耐久性等方面的要求。

三、搅拌和运输

搅拌和运输对卵石粗骨料抗冲耐磨混凝土的质量也有重要影响。应采用强制式搅拌机进行搅拌,控制搅拌时间和投料顺序,确保混凝土充分拌和。运输过程中应保持混凝土的均匀性和稳定性,避免发生离析和泌水现象。

四、浇筑与振捣

浇筑和振捣是卵石粗骨料抗冲耐磨混凝土施工的关键环节之一。浇筑前应清理模板表面,确保无杂物和积水。浇筑时应控制分层厚度和浇筑速度,避免混凝土出现堆积现象。采用插入式振捣器进行振捣,确保混凝土密实无气泡。对模板边缘和角落等部位应加强振捣,确保混凝土均匀密实。

五、养护与性能检测

卵石粗骨料抗冲耐磨混凝土的养护和性能检测也是施工过程中的重要环节。在浇筑完毕后应对表面进行刮平和压实,确保表面平整度符合要求。采用喷水、覆盖等措施进行养护,控制养护温度和湿度条件,确保混凝土的质量稳定。对养护后的混凝土进行性能检测,包括抗压强度、耐磨性能、耐久性等方面的检测,以评估其性能是否满足设计要求。

第三节　滑动压模驼峰堰溢流面施工技术研究

一、试验验证

在没有相关施工经验的前提下,为确保工程目标的顺利实现,应用 BIM 技术对结构模型进行分层分块,在此基础上,从模板体系设计及牵引装置设计等方面入手,开展系统、深入的研究。为确保试验成果可充分指导现场施工,形成从理论到实践的成套指导文件,在试验开展前,充分考虑工程施工实际情况,剖析试验验证点,以此开展针对性的专题研究。

二、模板体系设计

借鉴滑模施工工艺来设计滑动压模系统。该系统主要由滑动压模体、调整式弧形轨道及其支撑构件、双侧同步牵引装置和人工抹面平台组成。

关键的滑动压模体由钢面板和前、中、后三榀钢桁架螺栓连接成为整体,底部面板不设置轨道方向的背肋,桁架与桁架顶部之间柔性连接,面板设计加工成柔性面板,使得滑动压模体可以沿着轨道柔性滑动,以达到混凝土面设计结构线的体形要求。压模模板结构示意见图5-5。

调整式弧形轨道采用 H 型钢材,按照堰面结构线弯曲加工成型。现场轨道安装在预埋的埋锥和外露锚杆上,并可以通过上、下限位螺栓调整轨道体形。

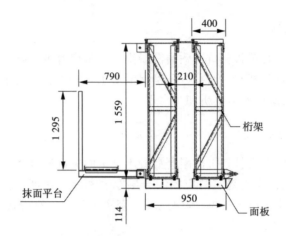

图 5-5 压模模板结构示意 (单位:mm)

抹面平台采用型钢组焊而成,上铺钢板网,方便现场及时修补混凝土面。

双侧同步牵引装置由桁架结构和牵引系统组成。牵引装置采用桁架结构,现场定出摆放高度和位置,正向或反向受力,确保滑动压模体拉动距离最远。

滑动压模体设置行走轮在轨道内由卷扬机牵引滑行,因拉模体宽度方向设计为柔性连接,因而可受轨道约束,使滑动压模体面板按结构线要求滑行。在浇筑过程中,混凝土的浮托力由模板自重和配重来克服。滑动压模系统的工作原理见图 5-6。

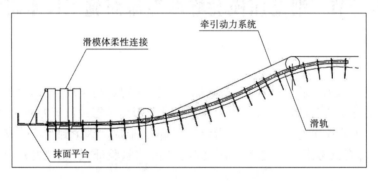

图 5-6 滑动压模系统的工作原理

三、双侧同步牵引装置设计

(一)样式选取

工程初期计划在堰顶采用预埋钢管形式做牵引系统支架,牵引系统采用卷扬装置。经过讨论和现场实际情况淘汰了初期构想,利用门槽设置"反力架"做牵引系统。确定初步构想后,最终确定双侧同步牵引装置及位置选取原则为:避免在堰面上设置预埋;利用门槽设置牵引系统;牵引装置选择稳定桁架结构;考虑压模体最大滑动距离。

在工作门槽设置两个桁架双侧同步牵引装置,反力拉动压模体,确定拉动最远距离。桁架形式如图 5-7 所示,牵引位置如图 5-8 所示。

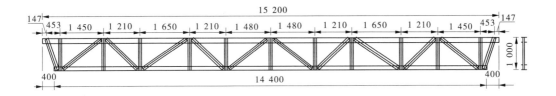

图 5-7　桁架形式　（单位:mm）

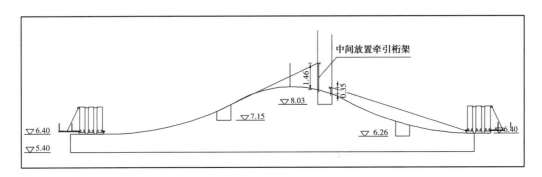

图 5-8　牵引位置　（单位:m）

(二)牵引力验算

牵引力验算公式如下:

$$R = (\tau A + G\sin\varphi + f_1 P + |G\cos\varphi - P|f_2 + f_1 P)k \qquad (5\text{-}1)$$

式中　A——模板与混凝土的接触面积,为 $1.5 \times 7 = 10.5 (\mathrm{m}^2)$;

　　　τ——模体与混凝土的黏结力,钢模取 $0.5\ \mathrm{kN/m^2}$;

　　　φ——模体倾角;

　　　G——模体自重(全部质量,按最不利考虑),约为 $98\ \mathrm{kN}$;

　　　P——混凝土上托力,为 $5 \times 7 \times 1.5 = 52.5 (\mathrm{kN})$;

　　　f_1——模体与混凝土的摩擦系数,取 0.5 ;

　　　f_2——滚轮与轨道的摩擦系数,取 0.05 ;

　　　k——牵引力安全系数,为 $1.5 \sim 2.0$,取 1.5 。

$$\varphi = 28°(\sin \varphi = 0.470, \cos \varphi = 0.883) \qquad (5\text{-}2)$$

则 $R = (0.5 \times 10.5 + 98 \times 0.47 + 0.5 \times 52.5 + |98 \times 0.883 - 52.5| \times 0.05) \times 1.5 = 118.89 (\mathrm{kN})$ 。

经计算,7 m 牵引力即可满足要求,计划采用 2 个双向额定牵引拉力大于 5 t 的卷扬机进行牵引。

四、基于 BIM 模型推演验证

(一)推演流程

通过建立的三维模型,采用基于 BIM 的 4D 模拟建造技术方式,对该滑模体系进行模拟推演,能够清晰地观察到工艺运行过程中的细节问题,使建筑空间所需的数据信息能够清晰地体现出来,不同位置采用不同颜色、不同距离进行特殊标注,使不合理的细节更容易被发现,得到及时的修改,保障设计方案的合理性,避免施工后出现保障问题,或者因客户不满意而造成工程返工等,从而得出最终可行方案。驼峰溢流面分层分块见图5-9。

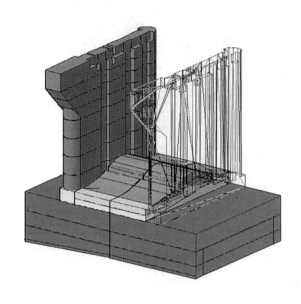

图 5-9　驼峰溢流面分层分块

(二)模板体系确定

(1)滑模面板:宽度为 80 cm,上、下游侧采用 2 根 10 号槽钢对焊形成空心主梁,面板在主梁外侧 30 mm 形成 30°翻边,中部使用 8 号槽钢和 L 50×5 角钢形成加劲肋。

(2)滑模桁架:面板上部设置主梁桁架,桁架断面为 80 cm×100 cm,桁架左右两端各设置 2 套轴承,作为滑动装置,整个滑模体系尾部设置抹面操作平台,操作平台与桁架之间采用螺栓连接。

(3)滑模轨道:轨道沿两侧闸墩布置,连接在闸墩预埋钢板上,滑轨使用三块钢板焊接而成,每隔 50 cm 焊接一道加劲肋。滑模体系关键部位模型见图5-10。

(三)模拟结果

(1)滑模施工利用上、下游侧设置的 2 台卷扬机进行牵引,施工时由两侧向中间进行滑模施工。浇筑时使用塔吊配合 3 m³ 卧罐入仓,坍落度控制在 3~5 cm,卸料时先卸滑模中部,然后向两侧推进,靠近滑模处的混凝土要高于滑模内侧混凝土,连续下料保证整体质量,模板边混凝土采用插入式振捣棒进行振捣,振捣时严禁振捣棒触碰滑模面,预计底层混凝土已初凝时进行初步滑升。

（2）滑模过程中根据温度及混凝土状态灵活调整滑升时间,坚持短距多滑的原则。滑出的混凝土应及时进行抹压面,进行初步光面后过一定时间再在抹面架上进行再次压面处理,保证混凝土面光滑,防止堰面出现表面裂缝。滑模体系施工模拟过程见图5-11。

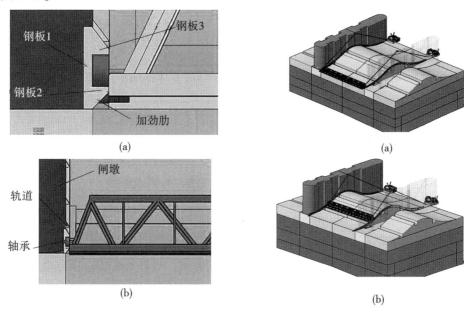

图 5-10　滑模体系关键部位模型　　　　　图 5-11　滑模体系施工模拟过程

第四节　航电枢纽闸墩长悬挑结构施工技术研究

一、试验验证概况

八字嘴航电枢纽项目悬挑结构悬挑起点标高较高,且悬挑混凝土体量大,是作为枢纽东西向连接交通桥的支撑结构,结构质量要求较高。通过调研,传统工艺采用满堂脚手架施工较多,对该项目而言,此工艺架体搭设工程量较大,且安全风险系数极高,外撑体系不适用本项目,可采用内拉方式解决此难题。

二、泄水闸闸墩结构分层

泄水闸闸墩结构由竖直段和斜面悬挑段结构两部分组成,其施工工艺包含了金属结构预埋施工和门槽二期混凝土施工。门体系统由上游检修门、下游检修门、工作闸门组成。泄水闸闸墩整体结构虽不复杂,但是交叉施工严重,且门槽金属结构安装需要脚手架辅助施工,二期混凝土又需要门槽金属结构安装完成后再浇筑施工。泄水闸是本项目施工组织中二枯期过水后上部房建施工东西向保证交通桥通车的关键结构,是整体工期计划中的重中之重。合理划分结构分层是施工关键,因此既要保证分层的合理性,又得减少"翻模施工"模板倒运工序的工时。

根据上述的工程实际需求,充分考虑 BIM 技术的特点,基于 Revit 软件研发了一款混凝土快速分块插件,可实现混凝土主体结构的快速分层、分块以及工程量自动计算。结合模板设计、混凝土龄期差等因素对混凝土分层分块进行快速精准的设计。

该混凝土快速分块插件工具依托 Revit 软件编制,编制思路在于充分利用 Revit 固有功能,按层高插入"标高",用"标高"划分界线,通过获取"标高"的高程属性,插入"体量",在插件运行过程中做临时的布尔运算,实现实时查看功能。其具体运行方式如下:

(1)插入分层线。

这一步骤为软件操作的第一步,需要计算出要分层实体的最低点,并在此点插入一条初始"标高"。

①查找实体最低点。

通过 RevitAPI 查询实体数据库中的 Bounding Box 属性,进而得出包围该实体的最小长方体的三轴最大点及最小点。取出 Min 点坐标的 z 轴值和 Max 点、Min 点 x、y 轴的平均值,即为该实体最低中心位置,也就是第一条"分层线"的插入位置。

②插入第一条"标高"。

从上一步得出的最低中心点,插入一条"标高"线。应用 Level. Creat 创建新的标高。为了标记"标高"属于该实体的第一条分层线,需将此"标高"的"名称"属性重新命名。在此插件中考虑使用实体的 ElementId-序号的命名方式。设计 C#代码如图 5-12 所示。

```
Level abc = Level.Create(doc, 0);

IList<Autodesk.Revit.DB.Parameter> list_a = abc.GetParameters("名称");
Autodesk.Revit.DB.Parameter Pa = list_a[0];
if (null != Pa)
{
    Pa.Set(ming + "-1");
}
```

图 5-12　修改标高名称的部分代码

(2)筛选"标高"并找出各层高度。

依托 Revit 软件固有原则,分层线(标高)复制后会自动重新命名,命名后的序号会持续递增。将分层线设计好后,所有分层线均带有实体信息,因此可根据此信息查找所有属于该实体的分层线。通过编制特定的字符串解析方式,遍历全部文件数据库,查找所有 Level,可从"标高"的"名称"属性中提取实体的 ElementId,进而得到实体的分层方式。将属于该实体的所有分层线取出,再取出所有分层线(标高)的 Elevation(高程数据),以双浮点数的形式存储至列表。应用 Sort 函数将列表根据高程正向排序,获得实体的分层数据。提取标高数据代码如图 5-13 所示。

(3)根据各层高程数据插入剪切"体量",并调整"体量"高度。

借助 Revit 软件自带"体量"功能,应用其 API 自动插入"体量"。根据软件界面所选择的层数,查找出所选层数的最高点和最低点的 z 值,再根据实体的 Bounding Box 规范插入"体量"的 x、y 值,将体量插入本层最低中心点。根据 Bounding Box 设置"体量"的长度、宽度参数,根据 z 值的高差,设置"体量"的高度参数,最终插入一段平面上的全包围结

```
List<double> lls = new List<double>();

FilteredElementCollector collector = new FilteredElementCollector(uidoc.Document);
ICollection<Element> collection = collector.OfClass(typeof(Level)).ToElements();
foreach (Element e in collection)
{
    //TaskDialog.Show("标高", e.Name);
    if (e.Name.Split('-')[0] == ming)
    {
        Level ee = e as Level;

        lls.Add(ee.Elevation);
    }
}
lls.Sort();
```

图 5-13　提取标高数据代码

构,高程在层高之间的"体量"。插入分层和分层模型示意见图 5-14,插入分层部分代码见图 5-15。

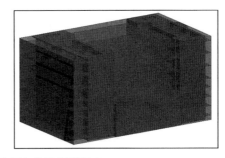

图 5-14　插入分层和分层模型示意

```
XYZ zhong = new XYZ((max0.X + min0.X) / 2, (max0.Y + min0.Y) / 2, lls[i]);

FamilySymbol fs1 = FindElementType(doc, typeof(FamilySymbol), "fct1", "fct1", BuiltInCategory.OST_Mass) as FamilySymbol;
if (!fs1.IsActive)
{
    fs1.Activate();
    doc.Regenerate();
}
FamilyInstance fi1 = doc.Create.NewFamilyInstance(zhong, fs1, Autodesk.Revit.DB.Structure.StructuralType.NonStructural);

IList<Autodesk.Revit.DB.Parameter> list_a = fi1.GetParameters("a");
Autodesk.Revit.DB.Parameter Pa = list_a[0];
if (null != Pa)
{
    Pa.Set(max0.Y - min0.Y);
}
IList<Autodesk.Revit.DB.Parameter> list_b = fi1.GetParameters("d");
Autodesk.Revit.DB.Parameter Pb = list_b[0];
if (null != Pb)
{
    Pb.Set(max0.X - min0.X);
}
IList<Autodesk.Revit.DB.Parameter> list_h = fi1.GetParameters("h");
Autodesk.Revit.DB.Parameter Ph = list_h[0];
if (null != Ph)
{
    Ph.Set(lls[i + 1] - lls[i]);
}

Element mgs2 = fi1 as Element;
kongxin.Add(mgs2);
```

图 5-15　插入分层部分代码

(4)布尔运算。

插入"体量"后,运行布尔运算,依然根据分层列表获得选取的层数,将主体结构的实体与插入的"体量"做布尔差集运算。此处采用 Revit API 中较为灵活的 SolidSolidCutUtils. AddCutBetweenSolids 函数进行布尔差集运算。布尔运算后获取结构的"体积"参数,并储存至列表,实现分层体积实时显示的功能。布尔差集运算部分代码见图5-16。

```
SolidSolidCutUtils.AddCutBetweenSolids(doc, zt0, kongxin[i]);
tr1.Commit();

IList<Autodesk.Revit.DB.Parameter> list1 = zt0.GetParameters("体积");
Autodesk.Revit.DB.Parameter qdp1 = list1[0];
double tj1 = qdp1.AsDouble();

tj9.Add("第" + (i + 1) + "层:" + ((tj2 - tj1) * 0.3048 * 0.3048 * 0.3048).ToString("0.00") + "m³");
```

图5-16　布尔差集运算部分代码

(5)"以下层"处理。

插件具有显示"当前层"和"以下层"两种显示模式,对于"当前层"显示模式,仅需在分层列表中找出对应"体量",再在软件后台对非该层"体量"做布尔差集运算。但对于"以下层"显示模式,需先根据所选层数、分层高度值筛选出该层以下的"体量",对不是这些层的"体量"进行布尔差集运算,最终得出"以下层"的显示模式。"以下层"界面见图5-17。

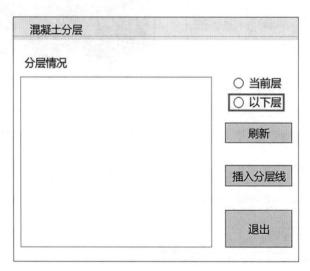

图5-17　"以下层"界面

(6)退出删除"体量"。

"体量"在该插件中的角色仅为显示和体积求解的辅助工具,并不能存储分层信息,因此在软件退出后应删除所有"体量",此时需要根据"体量"位置筛选出所有属于该实体的分层"体量",并提取其 ElementId,在整个模型文件数据库中将制定的"体量"删除,见图5-18。

通过运算,闸段结构共分为底板3层、竖直段4层、悬挑段4层;门库结构共分为底板6层、墙体结构7层。泄水闸结构分层见图5-19。

```
FamilyInstance e1 = e as FamilyInstance;

IList<Autodesk.Revit.DB.Parameter> list_z = e1.GetParameters("主体");
Autodesk.Revit.DB.Parameter Pz = list_z[0];

if (Pz.AsString() == ming)
{
    doc.Delete(e.Id);
}
```

图 5-18   删除代码

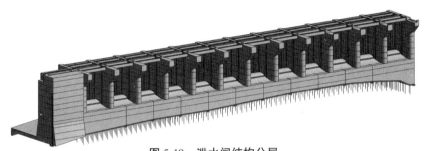

图 5-19   泄水闸结构分层

三、模板体系设计

(1)通过分层插件设计,悬挑部位共分为 4 层,施工工序整体分 4 次完成。施工步骤如图 5-20 所示。

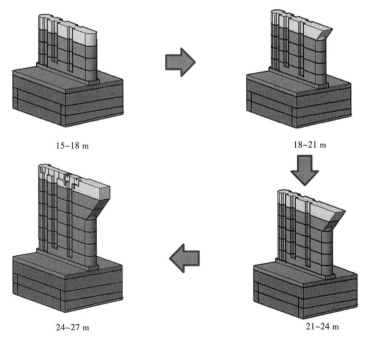

15~18 m

18~21 m

24~27 m

21~24 m

图 5-20   悬挑结构施工步骤

①15~18 m。该层悬挑结构模板由上、下两部分组成,每层高2 m,下层由两片半径为1.5 m的1/4圆弧模板组成,上层为两片下部半径为1.5 m半弧、上部为圆弧直线渐变段的模板,模板具体尺寸、样式如图5-21所示。

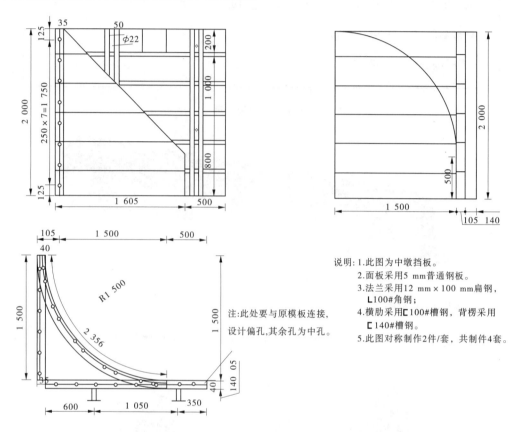

说明:1.此图为中墩挡板。
2.面板采用5 mm普通钢板。
3.法兰采用12 mm×100 mm扁钢,∟100#角钢;
4.横肋采用[100#槽钢,背棱采用[140#槽钢。
5.此图对称制作2件/套,共制件4套。

注:此处要与原模板连接,设计偏孔,其余孔为中孔。

图5-21 15~18 m模板尺寸、样式 (单位:mm)

②18~21 m。从该层开始悬挑结构施工,模板由两侧梯形大片模板和一片悬挑结构斜面模板两部分组成,斜面模板上均匀布置有9个圆台螺母预留孔洞。模板具体尺寸、样式及拼装情况如图5-22所示。

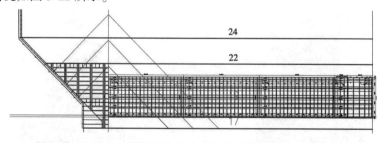

图5-22 18~21 m模板具体尺寸、样式及拼装情况 (单位:m)

③21~24 m。该层悬挑结构模板样式同18~21 m,仅尺寸有所变化。本层施工方法同18~21 m,模板固定形式如图5-23所示。

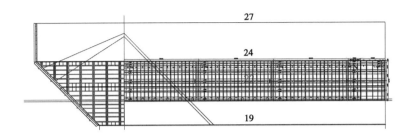

图 5-23　21~24 m 悬挑结构模板反拉加固　（单位:m）

④24~27 m。悬挑结构斜坡段至 24 m,24~27 m 均为垂直段。该层模板使用 3 片 3 m 高大片模板。圆台螺母对拉形式见图 5-24。

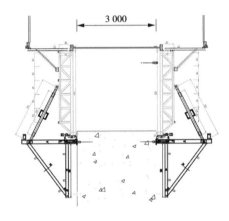

图 5-24　圆台螺母对拉形式　（单位:mm）

（2）泄水闸闸墩上部悬挑结构施工采用"爬模"工艺,底部模板不拆,全部浇筑完成后将悬挑结构模板统一进行拆除。模板固定采用"反向内拉"工艺,即在模板内侧预埋钢管,使用圆钢将模板与预埋钢管焊接相连,以达到固定模板的效果。悬挑结构无外支撑模板工作原理见图 5-25。

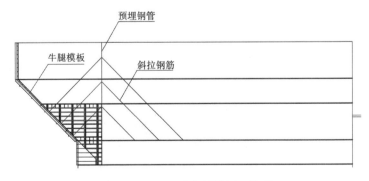

图 5-25　悬挑结构无外支撑模板工作原理

（3）模板拆除。

悬挑结构模板采用"爬模"工艺，底部模板不拆，全部浇筑完成后待混凝土强度达到100%后将悬挑结构模板统一进行拆除。模板安装完成现场见图5-26。

图 5-26　模板安装完成现场

四、模板加固体系设计

（一）加固体系

模板加固体系主要为预埋钢管柱内拉悬挑模板，预埋钢筋斜拉配合圆台螺母对拉形式加固直线段模板，浇筑完成后对圆台螺母进行修补。圆台螺母对拉形式见图5-27。钢管柱反拉加固见图5-28。

图 5-27　圆台螺母对拉形式

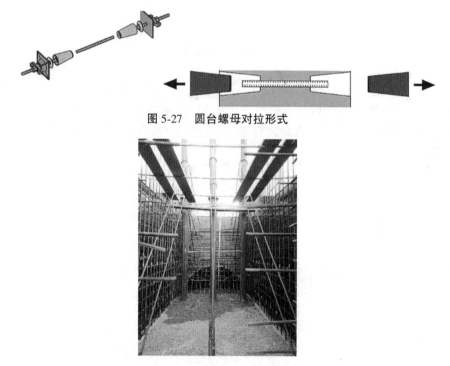

图 5-28　钢管柱反拉加固

(二) 模板体系计算

1. 受力形式及所受荷载

分析悬挑结构模板受力形式及所受荷载：混凝土、模板自重，混凝土侧压力，施工荷载，风荷载(忽略不计)。悬挑结构模板受力见图5-29。

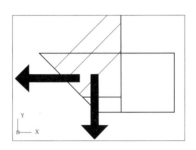

图 5-29　悬挑结构模板受力

2. 计算过程

(1)计算混凝土侧压力(水平荷载)：

$$F_{标准值}=0.22\gamma\beta_1\beta_2 t_0 V^{\frac{1}{2}}=0.22\times24\times1.15\times1.2\times8\times0.5^{\frac{1}{2}}=41.2(kN/m^2)$$

根据 $P=\gamma h$，则计算有效压头高度 $h=41.2/25=1.65(m)$，混凝土侧压力图形为梯形，则侧压力线性分布荷载为 $F=(3-1.65)\times41.2+1.65\times41.2\times0.5=89.6(kN/m)$。

悬挑结构宽 3 m，则浇筑单仓混凝土侧压力总和 $G=89.6\times3=268.8$ (kN)。

(2)计算混凝土、模板自重与活载荷(垂直荷载)：

混凝土、模板自重：$G_1=0.5\times3\times3\times3\times25=337.5(kN)$(压力最大)。

混凝土倾倒荷载、振捣荷载：$G_2=(2+2.5)\times3\times1.414\times3=57.3$ (kN)。

3. 计算分析

受力体系单位面积上的受力合力为斜拉杆内部轴力，但由于斜拉杆与水平面夹角为45°，计算所得水平竖直力的分量不相等，所以计算斜拉杆内部受力应该根据分量反推出内部轴力，而不是简单地求合力，根据垂直荷载反求拉杆内力，则 $F_1=(337.5+57.3)/0.7=564$ (kN)，斜拉杆采用9根25圆钢，则 $F=564\times1\,000/(3.14\times12.5\times12.5\times9)=127.7(MPa)$，$F<205$ MPa，满足要求。

采用上述计算方法是因为拉杆与锚杆圆管连接处是固定端而不是自由端，如果是自由端，当拉杆受力时，倾角会变，但是施工过程中，模板必须不变，从而保证体系不变。

4. 压杆稳定

反算求立杆稳定性(压杆的稳定性计算)：

直径 D = 219 mm,壁厚 t = 8 mm。圆管截面特性见图 5-30。

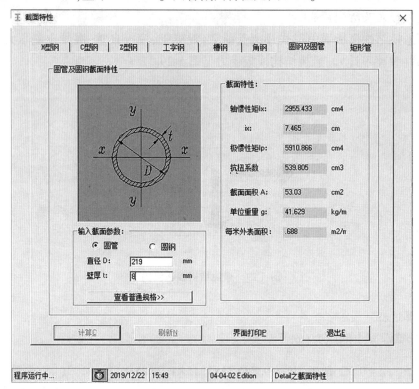

图 5-30　圆管截面特性

则立杆的截面回转半径 i = 74.65 mm,立杆的计算长度取 L = 3+3 = 6(m),一端固定,一端自由,长度系数取 2。

长细比 = $2 \times L/i$ = 160.8,稳定系数为 0.298,N = 1.2×337.5+1.4×57.3 = 485.22(kN)。

F = 485.22×1 000/(0.298×5 303×3) = 102.3(MPa),满足要求。

综上,悬挑结构受拉体系满足受力要求。

五、装配式外挂防护平台

基于牛腿悬挑模板施工,研发了装配式外挂施工防护平台。该平台包括一对装配平台单元,两个装配平台单元之间通过装配组件连接,每个装配平台单元包括由前向后平行设置的若干横向主梁,每个横向主梁上背离防护护栏的一侧均安装有防倾覆三脚架。通过设置与装配组件连接的装配平台单元,能一次吊装成型,便于现场操作,避免了搭设支撑架,节省人力,提高了经济效益;耗时短,提高了施工效率,施工后便于拆卸,能多次循环使用,解决了常规防护平台拆卸烦琐的问题。通过设置防倾覆三脚架、走道板、配合安有防护护栏的平台框架,使得结构稳定,满足了支撑质量和施工安全的要求,有效降低了高空作业时的安全风险。装配式外挂防护平台现场作业见图 5-31。

图 5-31　装配式外挂防护平台现场作业

第五节　泄水闸平台梁板支撑体系施工技术研究

泄水闸启闭机房(平台梁板)BIM 模型见图 5-32。

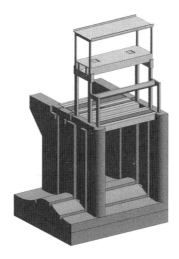

图 5-32　泄水闸启闭机房(平台梁板)BIM 模型

一、穿心钢棒悬挂牛腿支撑体系设计研究

在顶层排架柱施工时预留两个 ϕ110 mm 钢管对穿孔(钢棒圆心间距 300 mm),钢管对穿孔时需保持水平,严格控制钢管间距及高程。孔中各插入一根长 1.7 m、直径 90 mm 的 Q345-B 钢棒作为贝雷架支撑点,并用零星铁片塞紧空隙,调整外露丝扣位置,在钢棒两侧安

装牛腿,钢板厚度 20 mm(牛腿加工肋板、劲板焊缝要求双面满焊),使用双螺母紧固。接着固定安装砂箱,砂箱采用直径约 220 mm、壁厚 12 mm 圆管制作,砂箱上下顶面用 20 mm钢板封堵。砂箱内填实细砂,整体高度约 240 mm。调整好标高后吊安主梁 40b 双拼工字钢。穿心钢棒悬挂牛腿剖面见图 5-33,穿心钢棒剖面见图 5-34,砂箱结构形式见图 5-35。

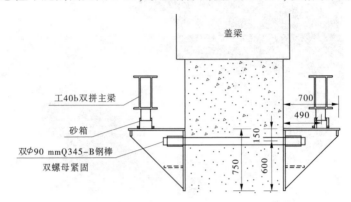

图 5-33　穿心钢棒悬挂牛腿剖面　(单位:mm)

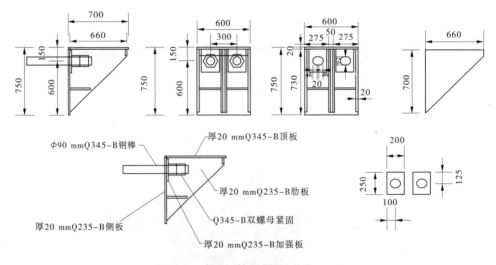

图 5-34　穿心钢棒剖面　(单位:mm)

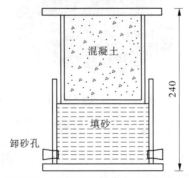

图 5-35　砂箱结构形式　(单位:mm)

二、盖梁底模支撑体系

排架柱盖梁底模采用木模,由木方、竹胶板组拼,木方规格 40 mm×90 mm,竹胶板厚度 15 mm。盖梁底在双 ϕ 90 mmQ345-B 穿心钢棒及 40b 双拼工字钢支撑体系上布设间距 300 mm 的双拼 10#槽钢做主楞,接着沿槽钢垂直方向按间距 200 mm 铺设木方,最后铺设竹胶板完成底模支立。纵向盖梁底模铺设见图 5-36,横向盖梁底模铺设见图 5-37。

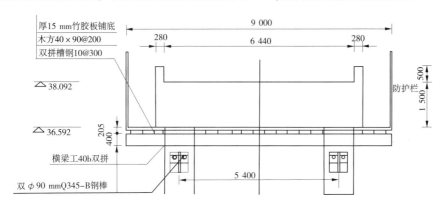

图 5-36 纵向盖梁底模铺设 (高程单位:m;尺寸单位:mm)

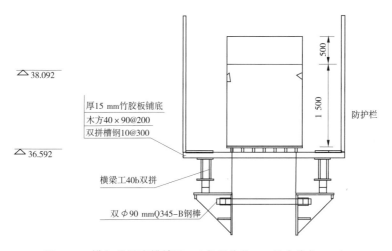

图 5-37 横向盖梁底模铺设 (高程单位:m;尺寸单位:mm)

三、平台梁板贝雷梁支撑体系转换设计

盖梁施工完成后,拆除盖梁底模及 40b 双拼工字钢,保留其他穿心钢棒悬挂牛腿支撑体系。

通过计算,依靠穿心钢棒支撑主梁时,在平台梁板主体混凝土、模板及贝雷梁载荷的作用下,主梁工字钢变形较大,因此在原主梁工字钢跨内约 1/3 跨长处增设支点。用直径 400 mm、壁厚 8 mm 钢管做支撑,将主梁受力变换为三支点、梁端悬臂的连续梁。

钢管顶撑单根长度约 8.35 m,质量 1.1 t。钢管顶撑两端用 20 mm 钢板封堵,外侧设加筋肋加固。钢管顶撑在泄水闸顶就位后成对组拼,用10#槽钢呈"十"字连接,同时在钢管顶撑侧向与穿心钢棒等连接固定,增强整体稳定性。钢管顶撑安装后上部安装砂箱。支撑架组拼结构形式如图5-38所示。

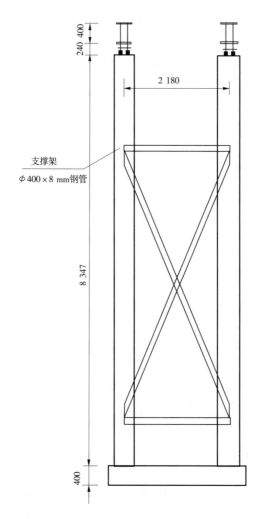

图 5-38　支撑架组拼结构形式 （单位:mm）

全部砂箱固定并调整好标高后吊安主梁工字钢。

在砂箱上重新放置工40b双拼贝雷梁支撑主梁,长度9 m,质量1.33 t。主梁与砂箱、砂箱与支撑架间采用电焊固定。整体支撑体系横、纵断面见图5-39、图5-40。

贝雷梁场外两榀拼装后进行吊装,吊装完成后整体组拼。之后进行平台梁板底模安装并进行预压试验,检测支撑体系的承载能力和挠度值,合格后方可进行平台梁板浇筑施工。贝雷梁安装后整体断面见图5-41,贝雷梁安装后整体侧视图见图5-42。泄水闸平台梁板支撑体系压载流程见图5-43。

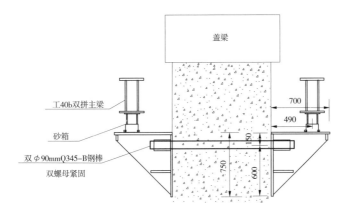

图 5-39　贝雷梁底部支撑体系横断面　（单位：mm）

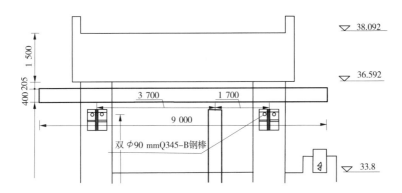

图 5-40　贝雷梁底部支撑体系纵断面　（高程单位：m；尺寸单位：mm）

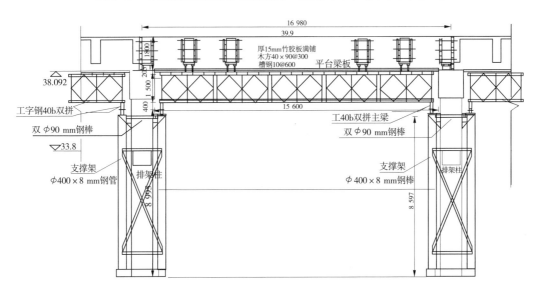

图 5-41　贝雷梁安装后整体断面　（高程单位：m；尺寸单位：mm）

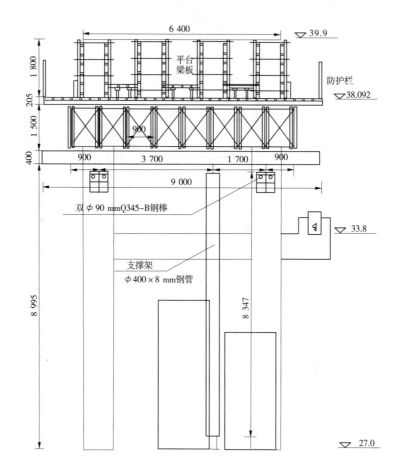

图 5-42　贝雷梁安装后整体侧视图　（高程单位：m；尺寸单位：mm）

四、基于 BIM 技术的金属结构与预埋件安装施工精度控制

泄水闸结构埋件多，启闭机房作为泄水闸闸门正常运行中启闭机的安装结构，不仅涉及启闭机埋件的安装，还涉及卷扬机滑轨的安装，埋件较多、形式多样且精度高，预埋件管理工作易出现遗漏现象。针对预埋件数量、位置、结构等在设计、加工、安装、验收进行全方位的管理，确保预埋件质量。

基于 BIM 技术研究开发了金属结构与预埋件安装施工精度控制，主要根据设计提供的预埋件图纸进行建模。在确保预埋件数量、位置、尺寸等信息准确的情况下，对预埋件进行碰撞检查，目的在于发现预埋件设计问题。同时，此阶段主要输出预埋件数量、位置、尺寸等基础信息，为后续管理提供基础数据。各金属结构见图 5-44 ~ 图 5-55。预埋件参数化模型表格见图 5-56。

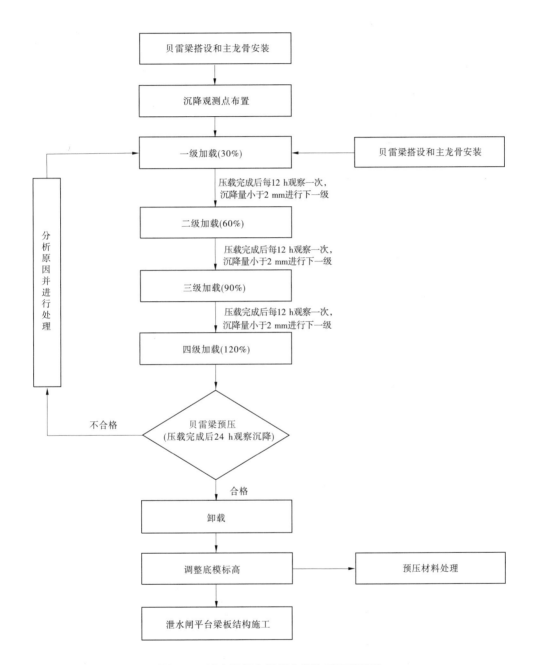

图 5-43　泄水闸平台梁板支撑体系压载流程

图 5-44　进口检修门门楣

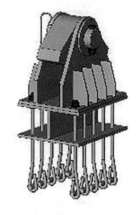

图 5-45　进口检修门反滑块装置

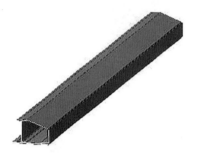

图 5-46　进口检修门反滑块装置

图 5-47　进口检修门底槛

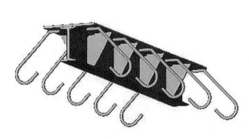

图 5-48　船闸底槛

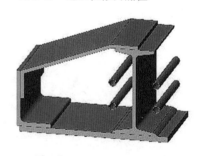

图 5-49　工作门副轨

图 5-50　工作门主轨

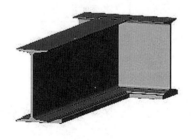

图 5-51　进口检修门侧枕

图 5-52　尾水事故检修门门楣

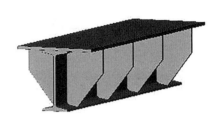

图 5-53　工作门主轨

图 5-54　进口拦污栅栅槽主轨

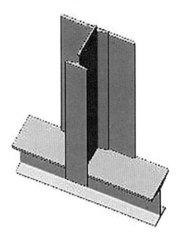

图 5-55　工作门侧枕

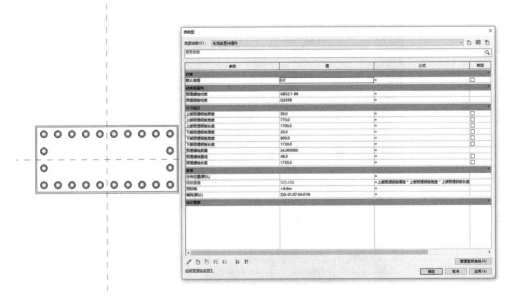

图 5-56　预埋件参数化模型表格

预埋件安装精细化管理系统主要工作流程见图5-57。

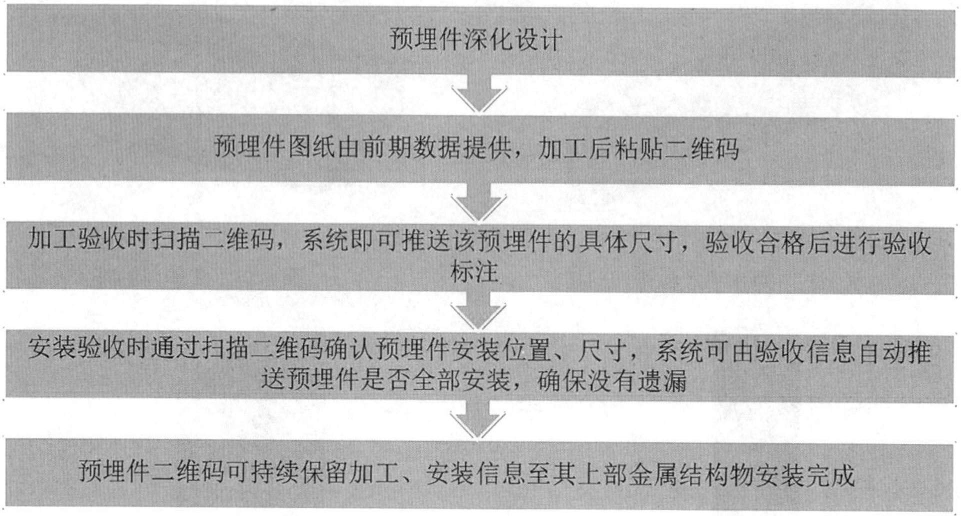

预埋件深化设计

预埋件图纸由前期数据提供，加工后粘贴二维码

加工验收时扫描二维码，系统即可推送该预埋件的具体尺寸，验收合格后进行验收标注

安装验收时通过扫描二维码确认预埋件安装位置、尺寸，系统可由验收信息自动推送预埋件是否全部安装，确保没有遗漏

预埋件二维码可持续保留加工、安装信息至其上部金属结构物安装完成

图 5-57　主要工作流程

（1）预埋件图纸由前期数据提供，加工参照图纸，加工后平台生成二维码，将二维码粘贴在预埋件上。

（2）加工后对预埋件进行验收，验收时扫描二维码，系统即可推送该预埋件的具体尺寸，验收合格后进行验收标注（主要在信息内添加验收时间与验收人信息）。泄水闸埋件见图5-58。

图 5-58　泄水闸埋件

（3）预埋件位置信息可由扫码获得,安装过程扫码即可观看,安装验收时通过扫描二维码确认预埋件安装位置、尺寸,系统可由验收信息自动推送预埋件是否全部安装,确保没有遗漏。埋件主轨二维码见图5-59。

图 5-59　埋件主轨二维码

（4）预埋件二维码可持续保留加工、安装信息至其上部金属结构物安装完成。

五、金属结构与预埋件安装工艺项目实施

运用 BIM 技术,对金属结构预埋件建立三维模型,将工艺参数与影响施工的属性联系起来,以反映施工模型与设计模型之间的交互作用。施工模型要可重复利用,因此必须建立施工产品主模型描述框架。预埋件二维码扫描现场验收见图5-60。

图 5-60　预埋件二维码扫描现场验收

第六节　船闸空腔结构施工技术研究

一、传统施工工艺研究

（一）钢模板

传统钢模板常常以圆台拉杆配合加固使用,其优点是平整度高、受力均匀、承受力强、混凝土浇筑后外观质量易保证,适合分层数量多、对外观质量有较高要求的混凝土结构。传统空腔钢模板圆台对拉加固方式见图 5-61,船闸空箱结构传统钢模板工艺见图 5-62。

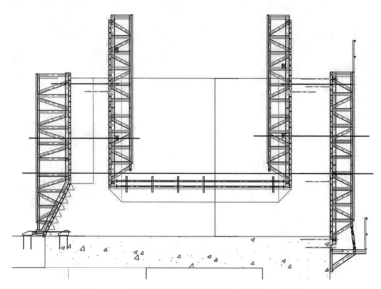

图 5-61　传统空腔钢模板圆台对拉加固方式

图 5-62　船闸空箱结构传统钢模板工艺

传统钢模板尺寸固定,当空腔大小形状变化时,改造需花费较长时间和较多人力,一且出现难以修理的损坏,短时间内很难替代。模板拆除及安装过程中,需长时间占用起重设备,悬挂吊绳保持稳定,直至圆台等紧固件拆除或安装完成。要想达到外墙模板和空腔模板同步施工的效率,单侧边墩只有一台起重设备功效是不够的,而且钢模板占地较大,需面板向上平稳码齐,不适合作业空间有限、场地平整度差的施工区域。同时,因为钢模板面板之间互相顶死,模板拆除过程非常吃力,需逐个拆除板面侧边连接螺母后再先后跳拆底口及顶口螺母垫片。钢面板与混凝土脱离过程中也必须小心控制,保证面板不发生损伤。钢模板面板一旦出现磕碰凹坑、改孔堵孔等缺陷或暴力拆模造成的永久性扭曲变形,即使经过维修想要达到外观质量要求也是难以控制的。模板维护过程中,还需安排专人进行打磨清理、涂刷柴油、堵孔改孔。

钢模板工艺综合成本较高,不适用船闸空腔这种多为封闭结构、尺寸变化较大的部位。

(二)木模板

传统木模板需使用拉结钢筋进行加固,其优点是成本较低,应用灵活,运输轻便,易于替换,材料易于获得,耐低温(有利于冬季施工),周转速度快,适合结构样式多变,线形、平整度要求较低的混凝土结构。船闸空箱结构传统木模板工艺见图5-63。

图 5-63　船闸空箱结构传统木模板工艺

木模板板面拼缝效果不佳,对于启闭机室等永久性外露面,混凝土浇筑后外观效果不如钢模板平整,若加固不善,局部鼓肚、墙体倾斜也可能发生。木模腔内钢管支撑架也需根据空腔尺寸变化进行切割,可回收率低。故此工艺往往采用现浇空腔封顶做法,但钢管支撑架不进行拆除回收,也会造成极大浪费。对于船闸空腔结构之间,以及空腔与外墙模板之间距离往往非常狭小(一般为 80~120 cm),仅供一人穿过。而且木模板需使用大量拉结钢筋(一般间距为 60 cm,取决于混凝土浇筑速度及流动性等因素),在此空间内进行密集拉结筋焊接工作,工人行动非常不便,施工工效也会降低,一旦加固完成发现有需要修补整改的位置,已无法进入。而且在此狭窄空间内拉结钢筋连接密集,若出现火灾、触电等意外事故,不利于逃生及救援,存在较大安全隐患。木模板拆除后,外墙及空腔内部的拉结筋端头也需进行挖除和修补,工作量极大,若空腔内部位于水位以下且有较高防水要求,拉结筋连通的渗水点处理效果也很难保证。

所以,木模板工艺外观效果较差,材料回收率低,人工投入量较大,人工作业难度大,作业时间长,安全隐患大,成品混凝土易渗水,对于船闸空腔结构施工仍存在一定弊端。

二、轻型钢模板工艺设计

综合传统钢模板工艺及木模板工艺的优劣,八字嘴航电枢纽项目专门设计船闸空腔轻型钢模板。

首先,对原钢模板设计进行简化。将顶口(中部)空腔外圆台拉杆或拉结筋改为空腔内对顶。对顶使用顶杠的杠身使用两根型钢包夹,端部为单旋可调顶丝及设孔连接板。顶杠可周转使用,且能够适配一定变化幅度的空腔,模板顶口预埋圆台拉杆,供空腔模板提升后上层浇筑作为底部支撑。轻型钢模板加固方式见图 5-64。

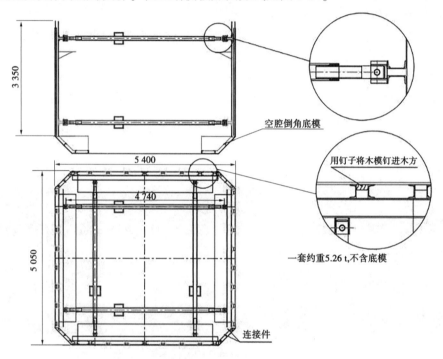

图 5-64　轻型钢模板加固方式　（尺寸单位:mm）

其次,钢模板面板用木模板代替,背楞安装后,简单利用木方卡入双拼型钢次楞中,再使用钉子将面板与木方紧密结合便安装完成。型钢次楞框架还能在一定程度上保证面板的拼缝顺直。免去了木模板拉结筋的一次性材料投入和狭窄空间内拉筋连接作业的步骤,同时也省去了拆模后拉结筋端头的挖除和修补,缩短了空腔封顶的时间。轻型钢模板详图见图 5-65。

背楞体系简单设计为型钢框架结构,根据混凝土浇筑速度及初凝时间计算调整主次楞间距,在主楞槽钢下方设花纹板作业平台,作为安装可调顶杠及混凝土浇筑作业平台使用。平台可根据实际需求计算宽度及增加防护栏杆。施工层空腔下直接使用盘扣式钢管架搭设作业脚手架作为施工平台即可。

空腔封顶采用预制叠合板吊装封顶,叠合板下部两侧需增加混凝土牛腿(配筋)。混凝土牛腿浇筑仍采用轻型钢模板工艺,可单独制作牛腿型角钢焊接于竖向双拼钢次楞上。浇筑牛腿后,将脚手架作业平台拆除,再用预制叠合板分块吊装封顶即可完成空腔施工。

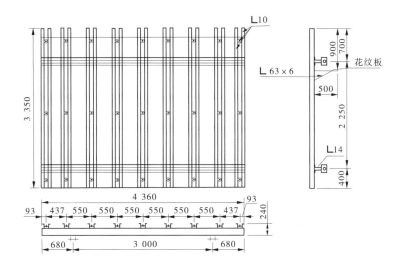

图 5-65　轻型钢模板详图(一)　（单位:mm）

轻型钢模板详图见图 5-66。

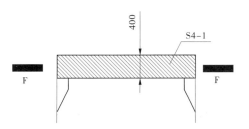

图 5-66　轻型钢模板详图(二)　（单位:mm）

轻型钢模板体系结构简单,模板的改造也更加容易,更能适应尺寸多变的空腔结构。

三、施工过程及结果分析

施工过程见图 5-67~图 5-69。

经验证,使用轻型钢模板后,单个船闸空腔结构轻型钢模板背楞及可调顶杠安装(4~5 片侧模)平均需 0.5 d。背楞安装完成后嵌入木方,面板钉入平均需 0.2 d。通过调节顶杠,木方嵌垫及面板的微调等方式进行线形调节过程也非常便利,最后进行拼缝处理,过程仅需 0.6 d,所需工期合计 0.5+0.2+0.6=1.3(d)。平均一块空腔模板安装最多配置 3 人即可。

图 5-67　轻型钢模板安装效果

图 5-68　牛腿制作效果

图 5-69　空箱封顶叠合板吊装过程

第七节　本章小结

（1）针对超大体积混凝土从控制裂缝、结构安全性、结构耐久性等方面进行考虑，进行分层分块优化、结合面构造与处理、材料和配合比的优化、施工工艺和质量控制等多方面研究，形成较为全面的大体积混凝土施工分层分块及结合面技术。

（2）为了验证卵石粗骨料抗冲耐磨混凝土的施工技术和性能，选取泄水闸混凝土作为实例应用。在工程中，采用卵石粗骨料抗冲耐磨混凝土作为主要建筑材料，经过严格的施工管理和质量控制，混凝土的结构性能和使用寿命得到了显著提高。

（3）A-型开敞式驼峰堰的设计目的主要是在上游高水头情况下节约闸门的工程造价成本并保证过流能力（该种堰型过流系数大）。但是与传统宽顶堰或实用堰相比，该种堰型由三个反弧段组成,在混凝土工程中施工难度大,堰型难以保证。该技术采用双向滑模体系进行浇筑,成堰后浇筑效果好、堰型美观,达到了设计要求。

通过施工方法确定、模板体系设计及牵引装置设计优化等工作,最终验证了滑动压模驼峰堰溢流面施工的可行性,取得了良好的社会效益,同时也有效地缩减了工期,完成了施工任务,充分验证了该方法的先进性和适用性,为多圆弧段溢流面施工的顺利推进奠定了坚实的基础,并且为类似工程施工提供借鉴。

(4)航电枢纽闸墩长悬挑结构施工技术研究源自江西信江八字嘴航电枢纽泄水闸工程。在项目实施前,通过对航电枢纽闸墩长悬挑结构施工技术进行系统深入的研究,并将研究成果转化为生产力,推动泄水闸悬挑结构顺利实施。通过理论研究与工程实践相结合,该技术从根本上降低了泄水闸悬挑结构施工难度大、安全风险高的问题。该技术效果显著,技术优势明显,适用于各航电枢纽工程泄水闸闸墩悬挑结构工程施工,对于悬挑混凝土结构等施工具备指导意义,可在航电枢纽工程行业推广应用。

(5)项目支撑体系设计结合桥体施工工艺,创新穿心钢棒悬挂牛腿支撑技术,盖梁施工转平台梁板工序衔接流畅,共用相同支撑体系,并能够克服泄水闸平台梁板水平跨度大、纵向载荷高、下部支撑空间有限的技术难点;且该工艺所用材料回收利用率较高,经实践检验有效。

(6)船闸空腔结构形状各异、大小不同,空腔间的距离狭窄有限,对于船闸空腔结构施工,相对于传统的钢模板工艺和木模施工工艺,轻型钢模板的加固安装更为简便,施工更加安全,拉筋等的材料投入大为减少,模板体系改造和维护更为简化,从而减少了人工的投入。轻型钢模板加固及受力方式的改变也提升了施工安全性,优化了传统船闸空箱施工工艺,达到了简化施工工序、缩减工期的效果。

第六章　数字化施工技术研究成果

以江西信江八字嘴航电枢纽工程施工为依托,深入研究航电枢纽数字化施工关键技术,包含结构建筑材料生产数字化、基坑开挖施工数字化、围堰施工数字化及结构施工关键技术等。

第一节　数字化施工技术研究结论

一、船闸施工围堰"上膜下墙"防渗体系研究结论

高水头围堰"上膜下墙"的防渗体系,通过围堰堰体选型、堰体材料等方面研究及工程实践,解决围堰组合防渗技术难点;有效保障围堰堰体防渗效果,极大降低了经常性排水对主体干地施工的干扰;施工快捷、成型快,大大缩短了围堰闭气工期,能够为后续施工创造有利条件。

目前,江西信江八字嘴航电枢纽工程已顺利完成交工验收,在施工期间围堰有力保障了项目干地施工条件,抵御了4次22 m仅低于设计高水位2.5 m的水位,证实了围堰组合防渗体系的稳定性和可行性,为该技术在相似工程中的推广应用提供有力支撑。

二、双轮铣施工智能监测系统研究结论

双轮铣数字化施工技术实现了对双轮铣施工数据的实时监控,并通过搭建数据库,完成相应结构化数据进行的远程云端上传等工作。通过对采集到的施工数据深度处理与分析,得出双轮铣在不同工作深度下泥浆用量的一般规律,同时采用Echart、Highchart等多种图表对后台分析数据进行可视化显示。通过对施工全过程数据的采集和大数据分析与计算,实现了对双轮铣施工防渗墙工程量的精确计算和工程量自动计算与分析。

三、围堰防渗检测方法及降排水研究结论

通过计算设计和现场试验建立了一套可靠的围堰防渗检测和降排水实用方法,针对围堰防渗现场施工质量、降排水优化布置等问题进行了专门研究,成果如下:

(1)高压旋喷桩在砂卵砾石层容易产生桩体破碎、水泥含量较少的质量问题,现场检测发现采用圆管钻机、按照分序方式施工的高压旋喷桩质量较好。

(2)对于整体性较好的防渗结构,不同检测方法的结果没有量级上的差异,分段压水试验得出的渗透系数比通长注水试验的结果稍大。为加快检测进度,当高压旋喷桩整体性较好时,采用通长钻孔注水试验检测高压旋喷桩防渗性能是可行的。

(3)对于整体性较差的防渗结构,不同检测方法的结果差异较大,分段压水试验能够比较好地发现桩体漏水点,通长注水试验一般难以准确发现桩体漏水部位。在钻孔取芯

发现桩体整体性较差、局部夹黏土团或砂团时,应避免采用通长注水试验进行检测。

(4)围堰降排水的计算与设计需要综合考虑地层分布、防渗结构质量、基坑分层开挖、便道布置等因素,经常性排水建议采用集水明排方式,并根据"两级截水,三级排水"的原则对排水沟和集水坑进行布置。

(5)围堰降排水的水泵可以采用卧式离心泵或潜水泵,初期排水可以采用两者相结合的方式,经常性排水建议采用潜水泵。

四、基于 BIM 技术的基坑精细化开挖施工关键技术

基于 BIM 技术的基坑精细化开挖施工关键技术从基坑数据采集验收,基坑模型建立,基坑道路、排水等设施设计,土方验收计算,土方开挖校核指导现场施工等全方面进行。应用 BIM 技术综合设计基坑、施工道路及排水系统,相比传统二维图纸在细节设计方面更有优势,能够全面、直观地反映基坑内容;将基坑综合模型与进度计划匹配,可直观地反映土方开挖过程,指导现场施工,及时了解各阶段工程进展状况并及时纠偏;利用设计数据直接得出每日开挖工程量及开挖点位,实现精细的土方平衡;通过进度推演,能够更加科学地优化开挖方案,保障施工的顺利进行;引入三维倾斜摄影技术辅助施工管理,可实现对不规则物体的快速量测,在有效减少外业工作量的情况下,数据获取手段更加便捷,采集速度相对传统的地形数据采集具备较大优势,可实现土方等工程量的每日计算,达到精细化管理和进度纠偏的目的。

五、混凝土生产数字化技术研究结论

混凝土生产数字化技术解决了混凝土拌和系统生产过程中生产效率低、车辆分配不合理、运输容易出错、混凝土生产质量不好控制等造成的能源浪费、设备损耗、材料损耗、混凝土质量不合格等问题,具有合理分配生产任务、统一调度生产设备、提高生产效率、节能环保等特点。该技术适宜在水利水电等大体积混凝土浇筑类项目上应用,可取得提质增效、节能减排等效果。

六、混凝土工艺参数监测及成品混凝土质量预测

硬化混凝土的质量与其制备、运输、浇筑及养护密不可分,任何一个环节出现问题,都可能是导致硬化混凝土质量出现问题的关键原因,想要建立理想的硬化混凝土质量预测模型,就应充分考虑混凝土生产的各个环节及其对最终硬化质量的影响。然而,现阶段建立这样的预测模型还十分困难,主要原因在于:

(1)硬化混凝土质量的影响因素众多,有些因素可用具体参数定量表征,如原材料质量、拌制工艺、运输工艺等,而如振捣方式、养护方式等却很难用参数定量表征。

(2)实际工程千差万别,各影响因素对混凝土质量的影响程度不尽相同。

(3)各影响因素是因,硬化混凝土质量是果,但两者之间无法建立明确的解析关系。

上述原因客观存在,但提前准确预测硬化混凝土质量又是实际需要,大数据时代的来临为解决这一问题提供了新的思路,只要存在因果关系,基于"足够的数据"的预测则是可行的。所以,本书探索建立一种混凝土质量预测技术,该技术包括:

（1）建立包括混凝土原材料、拌和物性能、运输、浇筑和养护各环节的数据库，将混凝土生产全过程通过定量和定性的方式记录下来。

（2）将收集来的数据按照一定规则（或需要）进行分析和处理，便于有效使用。

（3）运用多元回归分析的方法建立混凝土影响因素与硬化质量的关系。

（4）验证所建立关系的有效性。

由此，本书取得成果如下：

（1）组建混凝土施工过程中的原材料、拌制、运输、浇筑、养护和硬化质量数据库，达到某批次混凝土硬化质量参数与原材料质量参数、拌制参数、运输参数、浇筑参数及养护参数一一对应的目的。

（2）建立了将混凝土生产全过程参数进行归类评定处理的方法，将归类评定处理后的"同类"数据用于回归分析，充分考虑了混凝土拌和物的运输、浇筑及其成型后养护对最终硬化混凝土质量的影响，可有效提高预测模型的准确性。

（3）采用直方图法分析了江西信江八字嘴航电枢纽工程东大河主体土建工程 BW1 标段的部分混凝土生产工艺水平，较充分掌握了混凝土原材料、拌制、运输、浇筑、养护和硬化各阶段的生产状况。

（4）采用多元线性回归分析方法，建立了考虑出机坍落度和设计水胶比、适用于 BW1 标段硬化混凝土的抗压强度预测模型（相关系数 $R_2 = 0.9847$，置信率大于 95%），并得以验证。

七、基于 BIM 的钢筋下料优化及自动化加工方法

自主研发的基于 BIM 的钢筋下料优化及自动化加工与管理的成套方法，使用智慧钢筋加工系统取代传统模式，提供钢筋快速建模、出单优化、数字化加工、信息化管理成套钢筋加工整体解决方案，为钢筋加工植入智慧头脑。该技术已在江西信江航电枢纽工程项目中应用，不仅减少了现场钢筋管理生产人员数量，而且使钢筋生产质量得到保证。整个钢筋加工过程快速、优化、准确，钢筋利用率达到 99.2%。

八、超大体积换填混凝土施工技术研究结论

通过混凝土主体结构分层、仓面设计 2 个插件的编制和应用，较合理地将施工技术与信息技术结合应用，并在传统施工中发挥了其相应作用。2 个插件在江西信江航电枢纽工程项目中的应用意义重大，为项目节省工期提供了数据支撑。在垫层换填混凝土施工期间，通过科学规划和精细管理，实现了月浇筑混凝土 9 万 m³，创江西省单月混凝土浇筑纪录，为项目顺利开展提供了有力支持。

九、卵石粗骨料抗冲耐磨混凝土施工技术研究结论

对卵石粗骨料抗冲耐磨混凝土施工技术进行了研究和实例应用分析，得到了以下结论：通过合理的原材料选择与试验、配合比优化、搅拌与运输、浇筑与振捣、养护与性能检测等方面的控制措施，可以提高卵石粗骨料抗冲耐磨混凝土的结构性能和使用寿命；该技术在工程实际应用中得到了良好的效果验证；针对不同的工程类型和环境条件，卵石粗骨料抗冲耐磨混凝土具有广泛的应用前景。

十、滑动压模驼峰堰溢流面施工技术研究结论

泄水闸驼峰堰溢流面施工技术,结合工程实际,通过理论分析、工装研制、工艺优化、现场试验、BIM 技术模板体系设计及牵引装置设计优化、工艺动态模拟等工作,最终验证了滑动压模驼峰堰溢流面施工的可行性,在上游高水头情况下节约闸门的工程造价成本并保证过流能力(该种堰型过流系数大),社会效益和经济效益显著。

十一、航电枢纽闸墩长悬挑结构施工技术研究结论

航电枢纽闸墩长悬挑结构施工技术,从根本上降低了泄水闸悬挑结构施工的难度和安全风险,技术优势明显,适用于各航电枢纽工程泄水闸闸墩悬挑结构工程施工。该施工技术采用悬挑式无外支撑体系进行浇筑,浇筑效果达到了设计要求。该法也取得了良好的社会效益,同时也有效地缩减了工期。

十二、泄水闸平台梁板支撑体系施工技术研究结论

泄水闸平台梁板支撑体系设计,节省资源投入,有效缩短施工时间,并能够克服泄水闸平台梁板水平跨度大、纵向载荷高、下部支撑空间有限的技术难点;不仅可应用于航电枢纽类似结构,还可推广应用于桥梁现浇箱梁等施工场景。

十三、船闸空腔结构施工技术研究结论

船闸空腔结构施工工艺结合钢模板及木模板的优势,设计了一种安装便捷、尺寸灵活、适应性强、周转率高、能提升作业安全性的船闸空箱轻型钢模板。轻型钢模板加固及受力方式的改变也提升了施工安全性,优化了传统船闸空箱施工工艺,达到了简化施工工序、缩短工期的效果。该施工技术不仅适用于船闸,其他含空腔结构的类似工程均可应用,相较木模板施工效果更为美观,也可满足作为常用房间的使用需求。该施工技术值得在类似工程施工中推广应用。

江西信江八字嘴航电枢纽工程最终形成了一套涉及质量、安全、进度全面的数字化施工技术,在多方面取得了良好的成效,也起到至关重要的作用。

江西信江八字嘴航电枢纽工程项目研究成果丰硕,目前已授权专利23项,申请发明专利7项(授权6项,正在申报1项),实用新型专利16项,软件著作权9项;在国家核心技术期刊发表论文8篇,省部级工法4项,微创新应用成果2项。与国内外同类研究相比,该项目研究具有明显的技术优势,成果应用性强,社会与经济效益十分显著,推广应用前景广阔。

第二节　数字化施工技术效益情况

一、经济效益

江西信江八字嘴航电枢纽数字化施工关键技术研究与应用,补齐了传统施工方式的

短板,通过对现有施工方式进行数字化升级改造,可提升施工效率、降低施工成本、减少安全事故,并且有利于推动航电枢纽建设的可持续发展。对信江八字嘴航电枢纽数字化施工关键技术产生的经济效益进行深入探讨,对于促进航电枢纽建设具有重要的实践意义和应用价值。该技术的主要经济效益体现在施工周期缩短、劳动力成本降低、机械设备投入成本减少、工程质量提升等方面,技术成熟且覆盖较全面。

二、社会效益

通过对基于 BIM 技术的基坑精细化开挖施工关键技术、智慧拌和站管理系统、双轮铣施工智能监测系统、高水头围堰防渗体系、泄水闸驼峰堰溢流面、闸墩长悬挑结构、大跨度平台梁板等方面的研究,运用科技创新技术成果,将理念创新转化为实际,实现航运枢纽绿色生态、智能畅通的和谐共赢,以科技为支撑,构建畅通、高效、安全、绿色的现代综合交通运输体系。

江西信江八字嘴航电枢纽数字化施工技术具有绿色环保、智能高效、自动精准、安全可靠、质量优良的特点。该工程项目获批绿色智慧科技示范工程,被评选为江西省大型水运工程省级平安百年品质工程,并经江西省建筑业协会评审,绿色施工水平达到“一等”水平。通过总结该工程航电枢纽施工技术和相关的施工经验,提升了航电枢纽领域的技术水平。通过项目数字化的实施,拓展了科技成果转化途径,提高了科技成果对交通行业创新发展的贡献率。该技术全方位、多层次应用,为建设质量强国、交通强国等提供了有力支撑。

三、环境效益

江西信江八字嘴航电枢纽数字化施工借助先进的技术手段,如物联网、大数据分析、人工智能等,对施工过程全方位监控管理,使得现场施工能够实现高效、精准、安全的施工管理与实施,可降低成本、提高工作效率、提升材料利用率、提高施工质量。该技术产生的环境效益体现在多个方面,包括节能减排、资源高效利用、施工过程中的环境友好等。通过数字化施工技术,可以实现对施工能耗的有效控制,减少环境污染物排放,提高资源利用效率,从而减少施工对环境的影响,实现可持续发展的目标,响应国家绿色施工的号召。

第三节　数字化施工技术应用情况

一、应用情况

江西信江八字嘴航电枢纽数字化施工,从解决施工难题出发,应用 BIM 等技术,结合现有数字化技术、软件,实现科技的结合,通过试验论证、优化设计开发等,形成 13 项航电枢纽工程数字化施工关键技术,涉及围堰防渗、施工建筑材料生产、基坑开挖、泄水闸结构施工等方面,这些技术要素相互交融、相互作用,共同构建航电枢纽数字化施工技术体系的核心内容。该技术目前已成功应用于江西信江八字嘴航电枢纽工程 BW1、BW2 标段,部分技术正在平陆运河建设中投入应用,并在施工中不断实践、改进更新,技术逐渐成熟,取得了一系列显著成果,具体体现在施工周期缩短、成本降低、施工安全性提升、工程质量提高等方面。同时,智能化施工技术的研究与应用也为航电枢纽项目的可持续发展提供了有力的支撑和保障。

二、推广前景

随着社会的快速发展和经济的不断增长,航电枢纽工程在国家基础设施建设中扮演着越来越重要的角色。其中,施工数字化是当前研究的热点之一,智能化施工是指利用先进的信息技术、自动化技术和智能化设备,对航电枢纽建设过程进行优化和智能化改造,以提高施工效率、降低施工成本、提升施工质量,从而实现航电枢纽建设的高效、安全、可持续发展。在信息化、智能化的大背景下,航电枢纽数字化施工已成为行业发展的必然趋势,对于推动航电枢纽绿色智慧建造和交通强国建设具有重要意义。

江西信江八字嘴航电枢纽工程数字化施工关键技术主要包含了物联网技术、大数据分析技术、人工智能技术、远程监测技术、BIM技术、虚拟仿真技术等。物联网技术可实现对施工现场设备的远程监测和智能控制,大数据分析技术可对施工过程中产生的海量数据进行分析和挖掘,人工智能技术可用于施工计划优化和智能调度,虚拟仿真技术可对施工过程进行数字化模拟,发现施工中的潜在问题。这些关键技术的应用将大大提升航电枢纽施工的智能化水平,为施工过程提供数字化支持和保障。

随着科技进步和工程技术的不断创新,航电枢纽数字化施工的前景十分广阔。未来航电枢纽数字化施工将进一步普及和深化,数字化技术将更加完善和成熟,能为航电枢纽的建设和运营提供更加可靠、高效的支持,成为航电枢纽发展的重要引擎。数字化施工推动行业向智能化转型,提升施工效率和质量,也将带来显著的社会经济效益。从经济角度看,数字化施工将降低施工成本,提高资源利用效率,促进施工效率的提升;从社会角度看,数字化施工将改善施工环境,降低施工安全风险,促进社会和谐发展;从生态环境角度看,数字化施工将降低施工对环境的影响,促进生态可持续发展。这些社会经济效益将为航电枢纽数字化施工的推广应用提供有力的支持和保障。

第四节　数字化施工技术创新情况

江西信江八字嘴航电枢纽数字化施工技术存在以下创新点:

(1)研发了一种“高压旋喷桩防渗墙+复合土工膜”组合防渗型围堰结构,解决了砂卵石围堰渗透破坏的技术难题;开发了高压旋喷桩、双轮铣智能制浆注浆监控系统、围堰防渗施工智能监测系统,实现了砂卵石围堰数字化施工和防渗智能化监控。

(2)研发了混凝土拌和站智慧管理系统,具有车辆系统智能识别调度、粉料智能供料、拌和工艺参数智能监控等功能,提升了大体量多种类混凝土生产效率和质量控制水平;研发了基于BIM的钢筋下料优化及自动化加工技术,实现了钢筋自动化加工、自动分拣,提高了生产效率,降低了钢筋损耗。

(3)研发了基于BIM技术的超大深基坑开挖数字化、精细化管理系统,无人机倾斜摄影辅助施工管理技术,优化了基坑道路、排水系统,实现了数字化开挖和进度管控。

（4）研发了基于 BIM 技术的航电枢纽泄水闸数字化施工关键技术，提出了泄水闸驼峰堰溢流面可调整式双侧同步滑动压模体系、闸墩悬挑结构无外支撑模板体系、平台梁板穿心棒悬挂牛腿支撑系统，解决了驼峰堰溢流面成型难、闸墩悬挑施工安全风险高和上部平台梁板施工空间受限等难题。项目航拍见图 6-1。

图 6-1　项目航拍

参考文献

[1] 王中德,张彩霞,方碧华,等.实用建筑材料试验手册[M].2版.北京:中国建筑工业出版社,2003.

[2] 韩小华,李玉琳.新拌混凝土单位用水量快速测定方法的试验研究[J].混凝土世界,2010(8):42-47.

[3] 刘松.混凝土工程事前反馈质量控制技术研究[D].武汉:武汉理工大学,2007.

[4] 刘俊岩,周波,胡伟,等.新拌混凝土测试仪(FCT101)的应用研究[J].中国建材科技,2002,11(6):48-51.

[5] 林勇.早期预测混凝土强度的理论分析和试验研究[D].天津:天津大学,2008.

[6] 胡柏学.新拌混凝土潜在强度的快速检测方法的研究[J].湖南交通科技,1996(3):6-8.

[7] 西德尼·明德斯,佛朗西斯,戴维·达尔文.混凝土[M].2版.吴科如,等译.北京:化学工业出版社,2005.

[8] 魏小胜,肖连珍,崔登国.早龄期混凝土的力学及电性能研究[J].武汉理工大学学报,2008,30(6):52-55.

[9] 谭庆双.基于SVR的混凝土/水泥的配合比对其抗压强度影响规律的研究[D].重庆:重庆大学,2014.

[10] 谭敏海,刘正君,孙殿民,等.混凝土微波促凝技术的试验研究[J].森林工程,2011(6):67-69.

[11] 刘俊岩,周波,曲华明.新拌混凝土质量检测技术的应用[J].济南大学学报(自然科学版),2002,16(3):251-255.

[12] 姚腾.基于拌和物监测的硬化混凝土性能预测技术研究[D].广州:广州大学,2016.

[13] 莫劲松.BIM技术在建筑设计中的应用及推广[J].建筑与装饰,2018(39):135-136.

[14] 王春鹏,赵政,赵荣雪.基于智能视觉和BIM的建筑装配过程的高精度控制[J].智能建筑与智慧城市,2018(8):56-57.

[15] 张俊强.基于智能视觉和BIM的建筑装配过程的高精度控制[J].计算机测量与控制,2017,25(10):66-68,72.

[16] 梁靖涵.对基于BIM技术的4D建模及其应用的探讨[J].中国住宅设施,2019(11):16-17.

[17] 刘剑兴,赖睿智,吴尽.BIM技术在建筑施工企业的应用思路[J].重庆建筑,2019,18(12):59-60.

[18] 纪博雅,戚振强.国内BIM技术研究现状[J].科技管理研究,2015(6):184-190.

[19] 钟晓辉.BIM技术在建筑工程管理中的运用[J].城市住宅,2020(1):237-238.

[20] 胡飞,周泽民.BIM技术在建筑工程施工中的应用[J].智能城市,2019,5(21):173-174.

[21] 余卓憬,郭占池,黄克戬,等.水电工程BIM应用现状综述[J].人民长江,2018(S2):170-192.

[22] 王飞,孙鹏,赵磊.基于Autodesk的堤坝BIM模型构建与信息化框架开发与应用[J].水运工程,2019(1):150-155.

[23] 杭旭超,杨雅新.浅谈水利水电工程建筑信息模型与三维协同设计[J].江苏水利,2017(12):65-69.

[24] 严旭,周进,蒋贵丰.基于Revit的钢筋混凝土结构设计软件应用与比较[J].土木建筑工程信息技术,2019(5):85-89.

[25] 宋金龙,朱建才,陈赟,等.BIM技术在岩土工程勘察中的应用研究[J].地基处理,2019(3):73-77.

[26] 付宇懋,张雪.水利水电工程中BIM技术的应用及拓展[J].东北水利水电,2020,38(9):68-70.

[27] 刘训梅,王柳燕.BIM技术在项目管理体系中的应用研究[J].建筑经济,2021(S1):232-235.

[28] 高亚飞,任珂.BIM技术在建筑工程施工测量中的应用研究[J].居舍,2020(20):59-60.

[29] 宁冉.BIM在水电设计中的全面深入运用:云南金沙江阿海水电站[J].中国建设信息,2012(20):52-55.

[30] 孙少楠,张慧君.BIM技术在水利工程中的应用研究[J].工程管理学报,2016(2):103-108.

[31] 樊少鹏,刘会波,熊泽斌,等.BIM协同设计在海外大型水电工程中的应用及技术研发[J].人民珠江,2022(2):7-16.

[32] 许广喜.水利水电工程施工安全管理中BIM技术的应用[J].住宅与房地产,2018(12):176.

[33] 曹晶.现代化水利水电工程管理现状与完善措施分析[J].四川水泥,2019(7):340.

[34] 曾崇勇,代礼红,杨皓然.BIM技术在犍为航电枢纽设计优化与管理中的应用[J].水运工程,2021(12):1-7.

[35] 杭旭超,杨雅新.水利水电工程建筑信息模型与三维协同设计浅谈[J].广东水利水电,2017(10):49-52,65.

[36] 施玉艳,方雅君.基于BIM的物联网一体化平台的智慧应用[J].建筑电气,2021(5):72-75.

[37] 李勇,张晓星.BIM技术在工程质量管理中的应用研究[J].项目管理技术,2021,19(1):77-80.

[38] 钟诚.BIM在建设项目实施阶段的轻量化应用探析[J].工程造价管理,2020(5):85-89.

[39] 卢笑寒.浅谈BIM技术在施工安全管理方面的运用[J].绿色环保建材,2019(4):143-144,147.

[40] 盛向东.BIM技术在建筑施工安全管理中的应用[J].地产,2019(11):96,98.

[41] 夏天.BIM技术在水利工程中的应用研究[J].珠江水运,2018(18):88-89.

[42] 崔满.施工企业发展BIM技术的探索和实践[J].建筑施工,2014(4):462-463.

[43] 李亚东,郎灏川,吴天华.基于BIM实施的工程质量管理[J].施工技术,2013,42(15):20-22,112.

[44] 史修府,杨猛,杰德尔别克·马迪尼叶提,等.基于Revit软件的水利水电工程参数化建族[J].水利水电快报,2021(3):85-88.

[45] 姜林海,刘帅,黄钜君,等.基于BIM技术的复杂深基坑支护设计分析[J].人民长江,2021,52(2):122-127.

[46] 郑守仁,杨文俊.河道截流及流水中筑围堰技术[M].武汉:湖北科学技术出版社,2009.

[47] 宋新江,徐海波,钱财富.水泥土截渗墙钻孔注水试验理论及应用[J].水利水电技术,2014,45(8):92-97.

[48] 邓争荣.土体工程勘察中钻孔注水试验渗透系数的计算[J].长江工程职业技术学院学报,2004,21(1):25-27.

[49] 中华人民共和国水利部.水电水利工程施工基坑排水技术规范:DL/T 5719—2015[S].北京:中国水利水电出版社,2015.

[50] 中华人民共和国水利部.水电水利工程高压喷射灌浆技术规范:DL/T 5200—2019[S].北京:中国水利水电出版社,2019.

[51] 中华人民共和国水利部.水利水电工程注水试验规程:SL 345—2007[S].北京:中国水利水电出版社,2007.

[52] 中华人民共和国行业标准编写组.水电工程钻孔压水试验规程:NB/T 35113—2018[S].北京:中国电力出版社,2018.